INTELIGÊNCIA ARTIFICIAL EM EDUCAÇÃO MATEMÁTICA

COLEÇÃO TENDÊNCIAS EM EDUCAÇÃO MATEMÁTICA

INTELIGÊNCIA ARTIFICIAL EM EDUCAÇÃO MATEMÁTICA

Daise Lago Pereira Souto
José Fernandes Torres da Cunha
Marcelo de Carvalho Borba

autêntica

COORDENADOR DA COLEÇÃO TENDÊNCIAS EM EDUCAÇÃO MATEMÁTICA
Marcelo de Carvalho Borba
(Pós-Graduação em Educação Matemática/Unesp, Brasil)
gpimem@rc.unesp.br

CONSELHO EDITORIAL
Airton Carrião (COLTEC/UFMG, Brasil), Hélia Jacinto (Instituto de Educação/Universidade de Lisboa, Portugal), Jhony Alexander Villa-Ochoa (Faculdade de Educação/Universidade de Antioquia, Colômbia), Maria da Conceição Fonseca (Faculdade de Educação/UFMG, Brasil), Ricardo Scucuglia da Silva (Pós-Graduação em Educação Matemática/Unesp, Brasil)

EDITORAS RESPONSÁVEIS
Rejane Dias
Cecília Martins

REVISÃO
Cecília Castro
Lorrany Silva

CAPA
Alberto Bittencourt

DIAGRAMAÇÃO
Guilherme Fagundes

Dados Internacionais de Catalogação na Publicação (CIP)
(Câmara Brasileira do Livro, SP, Brasil)

Souto, Daise Lago Pereira
    Inteligência Artificial em Educação Matemática / Daise Lago Pereira Souto, José Fernandes Torres da Cunha, Marcelo de Carvalho Borba. -- 1. ed. -- Belo Horizonte, MG : Autêntica Editora, 2025. -- (Tendências em Educação Matemática)

    Bibliografia.
    ISBN 978-65-5928-593-8

    1. Educação Matemática 2. Inteligência artificial - Aplicações educacionais I. Cunha, José Fernandes Torres da. II. Borba, Marcelo de Carvalho. III. Título. IV. Série.

25-279020   CDD-510.7

Índices para catálogo sistemático:
1. Educação matemática 510.7

Eliete Marques da Silva - Bibliotecária - CRB-8/9380

 GRUPO **AUTÊNTICA**

Belo Horizonte
Rua Carlos Turner, 420
Silveira . 31140-520
Belo Horizonte . MG
Tel.: (55 31) 3465 4500

São Paulo
Av. Paulista, 2.073 . Conjunto Nacional
Horsa I . Salas 404-406 . Bela Vista
01311-940 . São Paulo . SP
Tel.: (55 11) 3034 4468

www.grupoautentica.com.br
SAC: atendimentoleitor@grupoautentica.com.br

Nota do coordenador

A produção em Educação Matemática cresceu consideravelmente nas últimas duas décadas. Foram teses, dissertações, artigos e livros publicados. Esta coleção surgiu em 2001 com a proposta de apresentar, em cada livro, uma síntese de partes desse imenso trabalho feito por pesquisadores e professores. Ao apresentar uma tendência, pensa-se em um conjunto de reflexões sobre um dado problema. Tendência não é moda, e sim resposta a um dado problema. Esta coleção está em constante desenvolvimento, da mesma forma que a sociedade em geral, e a escola em particular, também está. São dezenas de títulos voltados para o estudante de graduação, especialização, mestrado e doutorado acadêmico e profissional, que podem ser encontrados em diversas bibliotecas.

A coleção Tendências em Educação Matemática é voltada para futuros professores e para profissionais da área que buscam, de diversas formas, refletir sobre essa modalidade denominada Educação Matemática, a qual está embasada no princípio de que todos podem produzir Matemática nas suas diferentes expressões. A coleção busca também apresentar tópicos em Matemática que tiveram desenvolvimentos substanciais nas últimas décadas e que podem se transformar em novas tendências curriculares dos ensinos fundamental, médio e superior. Esta coleção é escrita por pesquisadores em Educação Matemática e em outras áreas da Matemática, com larga experiência docente, que pretendem estreitar as interações entre a Universidade – que produz pesquisa – e os diversos cenários em que se realiza essa educação. Em alguns livros, professores da educação básica se tornaram também autores. Cada livro indica uma extensa bibliografia na qual o leitor poderá buscar um aprofundamento em certas tendências em Educação Matemática.

Como imaginar uma aula de Matemática em que o professor esteja em diálogo com Inteligências Artificiais Generativas (IA Gen), que aprendem, sugerem, reescrevem e provocam? Este livro nasceu do desejo de refletir sobre o que significa educar matematicamente com tecnologias que pensam conosco. Inspirados pela Teoria da Atividade e pelo construto seres-humanos-com-mídias, os autores caminham entre práticas, inquietações e experimentações, questionando o papel ético da IA Gen e a importância de gestos socioecológicos na Educação Matemática. Ao longo dos capítulos, são discutidas as implicações epistemológicas, ontológicas, éticas e pedagógicas da participação dessas Inteligências Artificiais em contextos educacionais. Reafirma-se que as IA Gen, assim como outras tecnologias, têm poder de ação (*agency*) e participam ativamente da produção de conhecimento, que se torna, então, uma construção conjunta de humanos e não humanos. Esta obra é um convite para educar no entrelaçamento da crítica, da coletividade e do cuidado com o mundo.

*Marcelo de Carvalho Borba**

*   Marcelo de Carvalho Borba é licenciado em Matemática pela UFRJ, mestre em Educação Matemática pela Unesp (Rio Claro, SP), doutor, nessa mesma área, pela Cornell University (Estados Unidos) e livre-docente pela Unesp. Atualmente, é professor do Programa de Pós-Graduação em Educação Matemática da Unesp (PPGEM) e coordenador do Grupo de Pesquisa em Informática, Outras Mídias e Educação Matemática (GPIMEM), além de desenvolver pesquisas em Educação Matemática, metodologia de pesquisa qualitativa e tecnologias de informação e comunicação. Já ministrou palestras em 20 países, tendo publicado mais de uma centena de artigos e 20 livros. Participa da comissão editorial de vários periódicos no Brasil e no exterior. É membro do *editorial board* do *ZDM* (Berlim, Alemanha) e pesquisador 1A do CNPq. É plantador de árvores e ativista de causas socioecológicas.

Agradecimentos

Agradecemos aos colegas Aldo Lopes, Mariana Matulovic da Silva Rodrigueiro, Ricardo Scucuglia Rodrigues da Silva e Valci Rodrigues Balbino Jr. que, em atitude de colaboração acadêmica, leram o manuscrito previamente à publicação e ofereceram contribuições críticas relevantes que, embora não configurem coautoria, enriqueceram a versão final da obra.

Reconhecemos o apoio financeiro do Conselho Nacional de Desenvolvimento Científico e Tecnológico (CNPq) (Projeto 309992/2020-6) essencial para a realização de pesquisas que fundamentaram este livro. Registra-se a contribuição da Universidade do Estado de Mato Grosso (UNEMAT) pela concessão do afastamento pós-doutoral da autora Daise Souto, período no qual a proposta do livro foi concebida e desenvolvida, bem como da Universidade Estadual Paulista (Unesp), instituição de acolhimento do referido estágio. Estendemos nosso agradecimento a ambas universidades por apoiarem a pesquisa desenvolvida pelos três autores. Por fim, expressamos nossa gratidão aos colegas do Grupo de Pesquisa em Informática, outras Mídias e Educação Matemática (GPIMEM) e do Grupo de Estudos e Pesquisas em Ensino com Tecnologias Digitais (GEPETD), cujos debates e interlocuções acadêmicas foram fundamentais para a consolidação das reflexões aqui apresentadas.

Sumário

Introdução

> – Por que não há mais crianças, mãe?
> – Havia, antes das guerras.
> – Eu não quero ser humana!
> – Mas, por quê?
> – Eles arruinaram tudo.
> – Humanos podem ser maravilhosos.
> – Então por que só fez um?

O diálogo acima, do filme de ficção *I Am Mother* (2019), acontece entre a filha humana e a mãe, um robô em forma humana com Inteligência Artificial (IA). Esse longa-metragem se desenvolve em um contexto pós-apocalíptico, que teria sido gerado pelos próprios seres humanos considerados autodestrutivos. A mãe-robô (IA) tem a tarefa de criar (*bootstrap*)[1] os primeiros humanos naquele "novo mundo" para dar uma segunda chance à humanidade.

Produções cinematográficas como essa põem em xeque o nosso papel de seres humanos no mundo, a forma como produzimos e utilizamos as tecnologias digitais (TDs) e a responsabilidade que assumimos em relação à natureza, à nossa própria vida e à sociedade. Também coloca em discussão fenômenos que não são totalmente aceitos, como a extinção dos humanos em virtude de grandes desastres naturais, que nos fazem refletir: até que ponto os enredos de filmes misturam ficção e realidade?

Basta olharmos à nossa volta! As chamadas "crises climáticas" estão cada vez mais frequentes e suas consequências podem ser verificadas no aumento da população exposta a enchentes, no aumento do nível do mar e da temperatura média da Terra, na

---

[1] *Bootstrap* é um processo que para começar precisa de uma ação externa e depois pode seguir por conta própria. Na computação um programa menor e mais simples dá a partida no programa principal (Iamarino, 2019).

escassez hídrica que já está batendo à nossa porta e outros. Nos parece, neste caso, que "qualquer semelhança da ficção com a realidade não é mera coincidência". Embora a imagem gerada por IA a seguir (Figura 1) possa, na atualidade, parecer demasiadamente exagerada ao representar o planeta Terra devastado e sem condições de sobrevivência humana, parece-nos que os eventos climáticos catastróficos estão cada vez mais recorrentes e impactantes. Há que se considerar que o próprio consumo de energia elétrica e de água[2] em sistemas que utilizam IA podem contribuir para o agravamento desses acontecimentos.

Figura 1: Imagem de um cenário apocalíptico gerada por IA.

Fonte: Imagem gerada pelo DALL-E, 15 dez. 2024.

Há muito tempo a Inteligência Artificial habita nosso imaginário. No passado recente, os filmes de ficção científica – como o já

---

[2] Um relatório da Agência Internacional de Energia (AIE) estimou que, em 2022, os centros de processamento de dados no mundo consumiram 460 terawatt-hora (TWh) de energia. Com o crescimento da IA, esse consumo pode aumentar para 1.050 TWh até 2026. Uma única empresa consumiu 21 bilhões de litros de água em 2022 para manter o sistema funcionando, o suficiente para encher 8.400 piscinas olímpicas (Leme, 2024).

citado *I Am Mother*, o *2001: uma odisseia no espaço*, a trilogia Matrix, o *IA* e outros – contribuíram para que, espontaneamente, construíssemos conjecturas, visões e entendimentos empíricos, muitas vezes utópicos e cataclísmicos, sobre o que são, como se desenvolveram e quais influências e impactos elas podem gerar em nossas vidas. Essas obras, consideradas ficções científicas, sugerem uma visão dicotômica que, em geral, coloca em oposição, em conflito, seres humanos e tecnologias que utilizam Inteligência Artificial.

Atualmente, sua participação em nossos afazeres e no convívio social já é tão natural que reafirma, com maior potência, a ideia de que seres humanos e IA ou outras tecnologias não são separáveis, conforme defendido por Borba (1999) no século passado. Vejamos alguns exemplos de sua participação: no assessoramento pessoal, com os assistentes virtuais; na segurança, com os sistemas de reconhecimento facial e de padrões de crimes; na comunicação, com a personalização de conteúdos, como a recomendação de filmes e músicas; na saúde, com a identificação de padrões em exames de imagem; na pesquisa e no desenvolvimento, com a análise de grandes conjuntos de dados e a simulação de experimentos complexos; e nas mídias sociais, com o compartilhamento em massa de informações (nem sempre confiáveis), entre outros.

Na Educação Matemática o debate sobre a participação da IA ou da Inteligência Artificial Generativa (IA Gen) nos processos de ensino e aprendizagem e na formação de professores ainda é incipiente. Em nossas aulas, cursos, oficinas, palestras, estudos e pesquisas, as principais preocupações são semelhantes às discutidas por Borba e Penteado (2001), que se reportavam à chegada da informática na educação. Naquela época havia um discurso sobre os perigos que o uso de computadores poderia trazer para a aprendizagem com processos de dominação, alienação e mecanização: "O aluno iria só apertar teclas e obedecer a orientação dada pela máquina" (Borba; Penteado, 2001, p. 11). Na obra, os autores relatam o "beco sem saída" em que se encontravam os professores. Se por um lado havia a preocupação com a possibilidade de serem substituídos por aquelas tecnologias, por outro, o receio de utilizá-las em sala de aula e o modo como deveriam fazê-lo geravam enormes angústias.

Com a chegada da Inteligência Artificial Generativa na Educação Matemática, parece-nos que a equivalência em relação às inquietudes, aflições e dúvidas com a realidade apresentada há mais de duas décadas por Borba e Penteado (2001) "não é mera coincidência". Contudo, esse tipo de manifestação ganha outra dimensão com a possibilidade do acesso à IAs em dispositivos móveis e a ampliação das condições para a realização de tarefas escolares. Todas essas questões são fontes motivadoras para as discussões que fazemos neste livro.

Mas, afinal, o que será apresentado e discutido neste livro? Vamos lá! Que tal conhecer o experimento de ensino realizado na exploração de tarefas matemáticas feitas com o GeoGebra e o ChatGPT relacionadas à Mostra Brasileira de Foguetes (Silva; Donegá; Namukasa, 2024)? Familiarizar-se com a produção musical e audiovisual dos estudantes-com-inteligência artificial desenvolvida para apresentar os resultados da tarefa? Tudo isso será abordado no capítulo II. Nele, trouxemos também problemas de modelagem matemática resolvidos por estudantes-com-ChatGPT (Lopes; Borba, 2024), trabalhos desenvolvidos na formação de professores e algumas recomendações para a participação de IA Generativa nas aulas de Matemática.

Apresentamos, no capítulo III, como produzir vídeos com IA para comunicação de conceitos e ideias matemáticas para todos os níveis de ensino. Relatamos e debatemos questões éticas com base em um episódio de *fake news* que ocorreu em sala de aula, os riscos de plágio e outros "perigos" das interações com IA. Também compõem essa obra uma discussão sobre as possibilidades da produção de vídeos com IAs Generativas em contexto escolar indígena, entre outras abordagens, e temáticas e perspectivas teórico-metodológicas que você descobrirá durante a leitura.

É nossa pretensão lançar luzes sobre essas e outras questões mencionadas anteriormente e propor estratégias pedagógicas para mostrar como a IA pode contribuir e transformar a Educação Matemática e, quiçá, a Educação, pois consideramos que buscar aplicabilidades práticas é indispensável. No entanto, integrá-las com os fundamentos teóricos é crucial. Isso porque, a nosso ver, compreender como se desenvolve o processo de aprendizagem para planejar o ensino é inerente ao trabalho docente. Para isso, no capítulo IV, buscamos na Teoria da Atividade em conjunto com o construto seres-humanos-com-mídias os elementos conceituais que acreditamos serem necessários para esse entendimento. Essa articulação teórica tem dupla função, porque ela colabora, também, para os aspectos teóricos e metodológicos das pesquisas em Educação Matemática.

A IA é um fenômeno global e não devemos analisá-lo de forma acrítica, como se fosse politicamente neutro ou meramente técnico, desprovido de interesses comerciais. Muitas "motivações" envolvem o interesse pela IA e é justamente isso que nos instiga a não deixar a Educação Matemática alheia à essa discussão. Diferentes países e grandes corporações estão competindo para assumir um papel de liderança nessa "corrida" tecnológica. Isso porque estar à frente implica, minimamente, ter equilíbrio ou superioridade de poder nas relações com outros países e agentes internacionais no que diz respeito, por exemplo, à economia, política, segurança, tecnologia, educação. Essa problemática é abordada no capítulo V com alguns entrelaçamentos com os conceitos da Educação Matemática Crítica (Borba, 2021; Borba; Skovsmose, 2001).

Antes de tudo isso, no primeiro capítulo, abordamos brevemente o desenvolvimento histórico da Inteligência Artificial, desde a sua gênese até a atualidade, indicando de forma sintetizada alguns conceitos matemáticos que têm contribuído para o seu aprimoramento. Complementarmente, o capítulo apresenta um preâmbulo acerca dos principais referenciais teóricos que sustentam as discussões, análises, reflexões e proposições desenvolvidas ao longo da obra, com o propósito de oferecer um arcabouço conceitual que subsidia a compreensão crítica dos temas tratados.

A IA é altamente disruptiva e tem transformado, velozmente, todos os setores da sociedade, inclusive a Educação. Seu desenvolvimento também tem sido tão rápido que não podemos desconsiderar a possibilidade de que, no momento em que este livro chegar às suas mãos, leitor, já existam novas atualizações. Por esse motivo, optamos por trazer relatos de experiências, trabalhos, formações, discussões, pesquisas e referenciais teóricos de uma forma que não sejam invalidados com essas evoluções. O intuito é que eles se mantenham como fontes de inspiração para que professores realizem seus próprios planejamentos (adaptando tarefas considerando o contexto que atuam, os objetivos de ensino e observando outros fatores como a própria estrutura física da escola). Desejamos que estudantes, professores, pesquisadores e comunidade em geral elaborem seus pontos de vista, construam argumentos em relação aos seus posicionamentos e analisem as possibilidades e restrições da IA na Educação Matemática de forma crítica. Neste livro, será necessário que o leitor adapte de forma criativa os exemplos e as ideias apresentadas.

Borba, Scucuglia e Gadanidis (2014) propõem que o uso das tecnologias digitais na Educação Matemática pode ser compreendido em fases. A primeira fase, que se estende até aproximadamente o início da década de 1990, é marcada pela utilização do software Logo e pela carência generalizada de infraestrutura nas escolas e universidades brasileiras.

A segunda fase caracteriza-se pelo surgimento de softwares voltados a áreas específicas da Matemática – como funções e geometria –, além da incipiente instalação de laboratórios de informática, tanto em escolas públicas quanto em instituições privadas.

A terceira fase teve início aproximadamente em 1999 e teve como símbolo a internet. Um livro desta coleção é dedicado a esse fenômeno e descreve os primeiros cursos online na área da Educação Matemática, bem como as primeiras pesquisas nesse campo (Borba; Malheiros; Amaral, 2007). É importante ressaltar que não se trata da internet como a conhecemos hoje, mas daquela acessada por conexão discada a partir das residências, muitas vezes indisponível em ambientes escolares e universitários.

A quarta fase, com o advento de uma internet mais veloz e estável – marcada por conceitos como Web 2.0 e Web 3.0 –, amplia as possibilidades pedagógicas. Surge, por exemplo, a prática de solicitar que os estudantes produzam e compartilhem vídeos. Nessa fase, surge inclusive o Festival de Vídeos Digitais e Educação Matemática (https://www.festivalvideomat.com). Entretanto, os vídeos não são o principal símbolo dessa fase, mas sim essa "nova" internet, que possibilita uma dinâmica de ensino mais interativa e multimodal. É nesse contexto que se consolida a ideia de "sala de aula e internet em movimento", subtítulo do livro de Borba, Scucuglia e Gadanidis (2014).

Os vídeos digitais continuam ganhando relevância e, possivelmente, se consolidarão como uma tendência duradoura na Educação Matemática. Essa temática, inclusive, já foi aprofundada em outra obra da coleção (Borba; Souto; Canedo Jr., 2022), que propõe a existência de uma quinta fase, simbolicamente representada, pela primeira vez, por um vírus.

Ao contrário das fases anteriores, cujos símbolos foram tecnologias específicas, como o Logo, os softwares matemáticos, a internet e, posteriormente, a internet rápida, a quinta fase tem como marco o vírus SARS-CoV-2. Foi a pandemia, e não políticas públicas como o ProInfo (ver Borba; Penteado, 2001), que promoveu, de forma abrupta e massiva, a popularização do uso das tecnologias digitais na Educação, inclusive na Educação Matemática. Paradoxalmente, esse evento rompeu a hegemonia do lápis e papel como mídia coparticipante predominante na produção de conhecimento em sala de aula.

Conforme já discutido em obras anteriores da Coleção Tendências em Educação Matemática, essas fases não devem ser compreendidas como compartimentos estanques ou disjuntos. A atual valorização do pensamento computacional e do uso do Scratch, por exemplo, revela um retorno à programação que pode se transformar em uma possível reinvenção da primeira fase.

A Inteligência Artificial, por sua vez, apresenta-se como uma forte candidata a símbolo de uma sexta fase. Ao escrevermos este livro, reconhecemos que uma nova etapa no uso das tecnologias digitais na Educação Matemática está em formação. No entanto, aguardaremos um pouco mais para caracterizá-la com maior clareza e densidade teórica. Será o símbolo da nova fase a IA Generativa?

As discussões de todas essas obras, assim como deste livro, expressam a necessidade de diálogos críticos e problematizadores, como aprendemos com o patrono da educação brasileira, o professor Paulo Freire. A intenção é contribuir para que estudantes, docentes e outros leitores sintam uma sensação de pertencimento e uma maior aproximação da Educação Matemática com Inteligência Artificial e a sociedade.

Antes, porém, deixamos para você, leitor, algumas questões para instigar sua leitura: será que este livro foi escrito com a participação de alguma Inteligência Artificial Generativa? Será que a revisão ortográfica e gramatical foi realizada por um coletivo de seres-humanos-com-IA-Generativa? Será que alguma IA Generativa, como o ChatGPT, Copilot ou DeepSeek conhecem Daise Souto, José Fernandes e Marcelo Borba? Será que alguma IA Generativa reconhece nosso padrão de escrita a ponto de sugerir algo muito próximo do padrão que escrevemos? Venha conosco nessa "viagem ao mundo" da Inteligência Artificial em Educação Matemática e descubra as nossas respostas.

Capítulo I

Da Inteligência Artificial à Inteligência Artificial Generativa

https://tinyurl.com/mw5hdk9n

(Verso 1)
Um, dois, três, vem contar comigo,
Quatro, cinco, seis, faz assim, amigo!
Sete, oito, nove, quase lá,
O número dez já vai chegar!

(Refrão)
Conta, conta, sem parar,
Aprender é só brincar!
De um a dez, vamos lá,
Todo mundo a cantar!

(Verso 2)
Dez, nove, oito, vamos regressar,
Sete, seis, cinco, sem se atrapalhar!
Quatro, três, dois, e um no fim,
Bate palma, canta assim!
(Refrão – repetir)
Conta, conta, sem parar,
Aprender é só brincar!
De um a dez, vamos lá,
Todo mundo a cantar!
(Ponte – parte animada)
Pula e gira, bate o pé,
Mostra os dedos, conta até dez!
Brincando a gente vai aprender,
Os números são pra valer!

(Final)
Um, dois, três agora é sua vez!

– "Contando com alegria"

"Essa música pode ser cantada com gestos, palmas e até mesmo pulos para tornar a aprendizagem mais dinâmica e envolvente! O que acha? Quer alguma adaptação?" (OpenAI, 2025).

A canção "Contando com alegria", gerada com duas Inteligências Artificiais – ChatGPT[3] e IloveSong.ai[4] –, exemplifica as transformações que estão em movimento nos espaços escolares. Para gerar a letra, iniciamos com o ChatGPT utilizando o seguinte texto de entrada (*prompt*): "Crie a letra de uma música para ensinar contagem de números para crianças do Ensino Fundamental". Embora esse texto de entrada tenha sido suficiente para alcançar o objetivo que buscávamos, ao longo deste livro discutiremos a importância de compreender que a interação com a IA Generativa seja profunda e dialógica. Como destacam Silva e Carvalho (2024), o estabelecimento de um diálogo contínuo com a IA, com múltiplas interações e refinamentos sucessivos, contribui para a reorganização do pensamento matemático.

Na etapa seguinte, com a letra da música finalizada, utilizamos a plataforma IloveSong.ai, especificando que a música deveria ser no estilo infantil, interpretada por uma voz feminina. O resultado foi uma canção acessível por meio do QR Code no início deste capítulo ou por meio do link[5] disponível nesta plataforma. Esse processo ilustra uma possibilidade de abordagem interdisciplinar, integrando Matemática, Arte, Português e Educação Física, para ser trabalhada com crianças nos anos iniciais.

Esse exemplo é uma possibilidade pedagógica que ilustra como a participação das Inteligências Artificiais Generativas na Educação não é algo que pertence ao domínio da ficção científica. Pelo contrário, trata-se de uma realidade em curso, cuja velocidade de implementação e expansão é inédita na história recente da educação formal.

Esse cenário impõe a necessidade de desenvolvimento de novas habilidades por parte de professores e estudantes. Diversos documentos

---

[3] CHATGPT. Disponível em: https://chatgpt.com/. Acesso em: 15 jun. 2025.

[4] ILOVESONG.AI. AI Music Generator. Disponível em: https://ilovesong.ai/. Acesso em: 15 jun. 2025.

[5] ILOVESONG.AI. Cantando com alegria. *iLoveSong.ai*. Disponível em: https://tinyurl.com/mw5hdk9n. Acesso em: 15 jun. 2025.

orientadores internacionais, como os produzidos pela UNESCO (2023, 2024), têm destacado a importância de habilidades como o pensamento crítico em relação às tecnologias digitais, a capacidade de colaboração entre seres humanos e tecnologias, a literacia de dados, bem como a ética no uso de tecnologias baseadas em Inteligência Artificial. Retomaremos essas questões nos capítulos seguintes, aprofundando o debate sobre quais habilidades são essenciais para uma atuação crítica, ética e criativa diante das transformações impulsionadas pelas tecnologias emergentes.

No entanto, para compreendermos um pouco mais sobre como chegamos até aqui e apresentarmos outras possibilidades para a Educação Matemática, consideramos que é pertinente revisitarmos a historicidade do processo de desenvolvimento das Inteligências Artificiais até as IAs Generativas. Cientificamente, a busca incansável para criar máquinas que emulam as capacidades intelectuais humanas não é recente. Atualmente as pesquisas indicam que preocupações com o desenvolvimento, as capacidades e as limitações desse conjunto de tecnologias estão cada vez mais latentes em todas as áreas do conhecimento. Mas, afinal, como se caracteriza uma Inteligência Artificial? Uma IA é composta por um conjunto de tecnologias que, com base em algoritmos e modelos computacionais, reproduz certas capacidades humanas, tais como raciocínio, deliberação, resolução de problemas, entre outras. Essa definição corrobora com Haugeland (1985) e Bellman (1978).

Com isso, reafirmamos a formação de um coletivo em que tecnologias são "associadas" ao pensamento humano e têm *agency*, poder de ação. Cremos que essa formação coletiva, para além de um agrupamento, junção ou combinação, é indissociável. Seres-humanos-com-tecnologias – como ficou consagrado seres-humanos-com-mídias – formam uma unidade básica de produção de conhecimento (um sujeito epistêmico). Essa visão com a chegada da Inteligência Artificial Generativa passou a ganhar novos olhares e ser amplamente adotada em pesquisas.

A Inteligência Artificial é um campo amplo que abrange sistemas computacionais capazes de simular comportamentos inteligentes, como reconhecer padrões, tomar decisões, prever resultados ou classificar informações, por exemplo, em assistentes virtuais, diagnósticos médicos automatizados ou sistemas de recomendação. Já a

IA Generativa é um subtipo específico dentro da IA que vai além da análise de dados: ela é capaz de gerar novos conteúdos originais, como textos, imagens, músicas ou códigos, a partir de padrões aprendidos. Enquanto a IA tradicional responde com base em regras ou dados existentes, a IA Generativa produz algo novo, como faz o ChatGPT ao escrever textos ou o DALL-E ao gerar imagens a partir de descrições. Assim, a principal diferença está no tipo de tarefa: a IA convencional analisa e decide; a IA Generativa cria.

O poder de ação/mobilização (ou *agency*) desse tipo de Inteligência Artificial está "conquistando simpatias", ou, pelo menos, colocou em processo de mudança ou reflexão profunda não apenas os pesquisadores, mas também os docentes. O diálogo do filme *I Am Mother*, apresentado no início deste livro, remete a uma cisão entre tecnologias e seres humanos, e isso se choca com a nossa visão de conhecimento. Epistemologicamente, defendemos que as tecnologias e os humanos são ativos na produção do conhecimento e ontologicamente entendemos que tecnologia constitui o que significa ser humano (Borba; Souto; Cunha; Domingues, 2023).

"O ChatGPT [uma IA Generativa] conquistou o mundo, atingindo 100 milhões de usuários apenas dois meses após seu lançamento (UNESCO, 2023, p. 4)." Um movimento colossal! Estudantes e docentes de diferentes níveis de ensino, modalidades e contextos têm interagido com essa Inteligência Artificial Generativa. Essa popularização pode levar à falsa ideia de que a Inteligência Artificial é algo recente. No entanto, a pesquisa e o desenvolvimento em IA têm uma história que remonta a décadas. Desde os primeiros trabalhos em lógica computacional e redes neurais na década de 1950 até os avanços sobre a aprendizagem de máquinas e processamento de linguagem natural nas últimas décadas, a IA evoluiu gradualmente. As Inteligências Artificiais Generativas, como ChatGPT, Copilot, DeepSeek, representam apenas um dos muitos marcos desta evolução contínua, refletindo os avanços mais recentes na capacidade de processamento de linguagem e na interação com o usuário. Portanto, embora a IA Generativa seja uma inovação notável, a Inteligência Artificial tem um desenvolvimento histórico robusto e um contexto muito mais amplo do que a disseminação recente pode sugerir.

A gênese da Inteligência Artificial

O termo Inteligência Artificial foi criado por John McCarthy durante o famoso Workshop de Dartmouth College, ocorrido entre os meses de julho e agosto de 1956. Foi o primeiro encontro de cientistas oficialmente organizado para discutir aspectos de inteligência e sua implementação em máquinas (Câmara, 2001; Mohamed *et al.*, 2022). Entretanto, é consenso entre os pesquisadores que o trabalho desenvolvido por Alan Turing em 1963, baseado em ideias que ele já havia apresentado em 1950, foi a primeira tentativa robusta para tratar com possibilidade ou não de um computador ser inteligente. Turing (1912-1954) era matemático, lógico, criptoanalista e cientista da computação, e elaborou um teste para avaliar a capacidade de programas de IA simularem inteligências semelhantes à humana.

Figura 2: Imagem de Alan Turing trabalhando
com sua máquina Bombe gerada por IA.

Fonte: Imagem gerada pelo DALL-E, 13 dez. 2024.

Em 1950, o artigo "Computing Machinery and Intelligence", publicado na revista *Mind* com a autoria de Turing, discute a capacidade que as máquinas têm de "pensar" e apresenta o teste que leva seu nome. Ele é realizado com três atores: duas pessoas, uma que faz perguntas e outra que responde, e uma máquina (ou computador) que também responde às questões. O interrogador não tem nenhum contato visual ou de linguagem oral com os outros dois. Ele inicia uma conversa com os respondentes (a outra pessoa e a máquina) por meio de uma interface textual, e se não conseguir distinguir com qual ator (humano e não humano) está dialogando, então, a máquina estaria aprovada no teste (Turing, 1950).

Mesmo sem abordar questões filosóficas sobre "consciência e pensamento" em seu teste (focado na possibilidade de um computador se comunicar na forma escrita de uma maneira indistinguível de um ser humano), Turing recebeu críticas. Entretanto esse teste continua sendo uma referência nas discussões e nos avanços da Inteligência Artificial, inclusive ganhando destaque no cinema.

O clássico *O jogo da imitação* (Tyldum, 2014) retrata a trajetória de Alan Turing e sua equipe na construção de uma máquina capaz de decifrar as mensagens criptografadas pelos alemães durante a Segunda Guerra Mundial. No mesmo período, foi lançado o filme *Ex Machina: instinto artificial*, exibido no Reino Unido em janeiro de 2015 (Garland, 2015). A obra narra a história de um programador convidado a aplicar o Teste de Turing em um robô dotado de Inteligência Artificial. Ao longo da interação com a IA, o protagonista se depara com comportamentos inesperados, manipulações sutis e crescentes inquietações, à medida que a IA revela sinais de autoconsciência e emoções, estabelecendo relações complexas com os humanos. Após esse breve desvio cinematográfico, retomamos à análise histórica do desenvolvimento da Inteligência Artificial.

O Teste de Turing embasou muitas variações, e extensões foram elaboradas, incluindo versões que envolvem tarefas mais complexas ou interações em ambientes aprimorados. Assim, nas décadas de 1950 e 1960 surgiram os primeiros sistemas inteligentes que, ainda que com algumas limitações, eram capazes de demonstrar habilidades de resolver problemas baseados em algoritmos e regras programadas com uma abordagem simbólica. Esses passos iniciais sugerem uma relação dialética com a Matemática. Isso porque, se por um lado ela trouxe contribuições para o desenvolvimento desses sistemas inteligentes, por outro, eles contribuíram para o desenvolvimento da própria Matemática.

Os primeiros "encontros" da IA com a Matemática resultaram em aplicações mais simplificadas que utilizavam, principalmente, cálculos aritméticos e automatização de tarefas simples. Com o passar do tempo, essa colaboração ofereceu possibilidades para desenvolvimento e aplicação de algoritmos mais robustos com potencial para realizar análises preditivas, solucionar equações diferenciais complexas e, em alguns casos, até mesmo protagonizar o processo de prova de teoremas. Neste processo se forma a tríade pesquisadores-Matemática-Inteligência Artificial, que está em constante transformação e sugere que a demanda por soluções de problemas matemáticos tem historicamente transformado a capacidade analítica deste coletivo.

Soluções que anteriormente exigiam muitas horas de trabalho dos pesquisadores e admitiam margens de erro, com a participação de sistemas de IA, passaram a ser encontradas de forma precisa em frações de segundo. Um dos mais conhecidos sistemas de IA desse período foi o ELIZA criado por Joseph Weizenbaum. Esse sistema era um simulador de conversas que utilizava uma técnica de reconhecimento de padrões e é considerado uma alavanca para o desenvolvimento dos *chatbots* atuais. Ele, sem dúvida, marcou o desenvolvimento da IA por sua capacidade de dialogar de maneira persuasiva. Foi com ele, também, que surgiram as primeiras preocupações éticas em relação à Inteligência Artificial e às responsabilidades de seus desenvolvedores. Isso porque, em alguns casos, as pessoas que interagiam com esse sistema estabeleciam algum tipo de sentimento por ele, chegando a afirmar que a IA compreendia suas emoções.

A década de 1970 é considerada por alguns estudiosos como a "era do gelo" ou o "inverno da IA", pois, nesse período, houve uma estagnação, e os cortes nos fomentos e o pouco interesse do setor fizeram com que as pesquisas sobre Inteligência Artificial "esfriassem". Havia, apenas, desenvolvimento de sistemas "especializados" que eram construídos para contribuírem na tomada de decisões e solução de problemas em áreas específicas como engenharias, finanças e medicina.

Os projetos de Inteligência Artificial voltam à "vitrine" entre 1980 e 1990, quando as corporações reconhecem o potencial desses sistemas para a realização de tarefas complexas (como reconhecimento de padrões e previsões) em um curto espaço de tempo e uma base de dados ampla (*Big Data*). As grandes atrizes eram as redes neurais artificiais, inspiradas no funcionamento das redes neurais biológicas. Graças a elas, tecnologias como o atendimento automatizado de chamadas telefônicas por comando de voz e o reconhecimento de impressões e assinaturas digitais se tornaram uma realidade. Um marco amplamente noticiado na imprensa na época foi o feito do Deep Blue, um sistema de IA da IBM que se tornou famoso por vencer o campeão mundial de xadrez Garry Kasparov.

Mas onde estava a Matemática nisso tudo? A resposta a essa pergunta não é simples ou única. Podemos reafirmar que a relação da Matemática com a IA é de uma moldagem recíproca (Borba; Villarreal, 2005). Se por um lado o coletivo de seres-humanos-com-IA contribuiu para transformar o coletivo de seres-humanos-com-Matemática com a possibilidade de tratar, analisar e fazer inferências em grandes conjuntos de dados, o que seria muito provavelmente impossível de ser realizado com os métodos ditos "tradicionais"; por outro, o coletivo de seres-humanos-com-Matemática também propiciou transformações no coletivo de seres-humanos-com-IA, quando o emprego de técnicas baseadas em estatística como as redes bayesianas,[6] que possibilitaram o desenvolvimento de tecnologias como o processamento de linguagem natural e o reconhecimento de imagens.

Chegamos, então, ao século XXI! A participação da IA na área comercial intensifica seu desenvolvimento. Os *chatbots*, assistentes virtuais, carros autônomos, modelos refinados de linguagem natural, personalização de serviços, otimização de processos, assistentes específicos para

---

[6] Uma rede bayesiana é um modelo gráfico que codifica relações probabilísticas entre variáveis de interesse. Quando usado em conjunto com técnicas estatísticas, o modelo gráfico apresenta diversas vantagens para análise de dados, pois ele codifica dependências entre todos os dados e lida prontamente com situações em que algumas entradas de dados estão ausentes (Heckerman, 1998, p. 301).

a medicina, plataformas de *e-commerce* e de *streaming*, reconhecimento facial e cibersegurança, entre outros, transformam nossas vidas.

Na Educação, embora ainda timidamente, também se torna mais perceptível a influência da IA, principalmente com as plataformas de aprendizado personalizado, planejadas para adaptar o conteúdo às demandas individuais dos estudantes e a tutoria virtual que contribui para solucionar dúvidas em tempo real (Tavares; Meira; Amaral, 2020). Na Educação Matemática, a Inteligência Artificial propicia, por exemplo, a visualização de conceitos e fenômenos complexos em imagens e representações gráficas, gerando distintas possibilidades de compreensão. Entre os anos 2017 e 2021, nos Estados Unidos, no México, na Espanha e no Canadá, a IA integrada à robótica foi identificada como abordagem mais recorrente nas pesquisas em Educação Matemática, e em menor número estão os sistemas de tutoria inteligente (Mohamed *et al.*, 2022).

Cremos que o processo de moldagem recíproca entre os coletivos de seres-humanos-com-inteligência-artificial e seres-humanos--com-matemática-e-Educação-Matemática será constante, resultando em avanços para a produção de conhecimentos teóricos e, consequentemente, para a resolução dos mais diversos tipos de necessidades em um mundo em contínua transformação.

No entanto, essa história está longe de terminar! Recentemente, testemunhamos a ascensão da Inteligência Artificial Generativa, um fenômeno que, de maneira avassaladora, parece estar em todos os lugares, impactando de forma ainda mais intensa a Educação e a Educação Matemática.

Inteligência Artificial Generativa

O movimento de busca por soluções para problemas cada vez mais complexos em diversas áreas, retomado na década de 1980, continuou de forma acentuada. Tanto a iniciativa privada como a gestão pública têm fomentado pesquisas para o desenvolvimento de Inteligência Artificial cada vez mais aprimorada (Capes, 2024). Chegamos, então, à Inteligência Artificial Generativa. Mas que tipo de inteligência é essa? Fizemos essa pergunta para uma IA Generativa.

É um tipo de IA projetada para criar novo conteúdo de forma autônoma. Diferente de outras IAs que apenas reconhecem padrões ou realizam tarefas baseadas em dados existentes, as Inteligências Artificiais Generativas são capazes de produzir texto, imagens, música, código de programação e outros tipos de conteúdo original. Elas funcionam principalmente utilizando redes neurais generativas, como *Generative Adversarial Networks* (GANs) e *Variational Autoencoders* (VAEs), ou modelos de linguagem baseados em *transformers*, como o GPT (*Generative Pre-trained Transformer*). Esses modelos são treinados em grandes conjuntos de dados e aprendem a gerar novos exemplos que são semelhantes aos dados em que foram treinados (OpenAI, 2024).

A IA Generativa tem ganhado destaque nos canais de comunicação, especialmente após o lançamento pela OpenAI, em novembro de 2022, do gerador de conversas ChatGPT – *Chat Generative Pre-Trained Transformer*. Em julho de 2023 o WhatsApp lançou LuzIA – uma IAG que se comunica como qualquer outro contato do aplicativo. Mais recentemente, em outubro de 2024, o WhatsApp anunciou a chegada da suíte Meta AI. Eles, assim como outras IAs e IAs Generativas, já são parte do nosso dia a dia, do processo de transformação da sociedade, seja em situações de cunho pessoal, nas relações de trabalho ou até mesmo em atividades escolares (Bona; Seligman; Ribeiro; Martinez; Silva, 2023; Tavares; Meira; Amaral, 2020). É possível que você, leitor, esteja interagindo com uma IA ou uma IA Generativa sem mesmo saber. Considerando que Inteligência Artificial é um sistema computacional que realiza tarefas que normalmente exigiriam inteligência humana, como reconhecimento de fala, tomada de decisão, etc. E a Inteligência Artificial Generativa é um subcampo da IA que se concentra em criar novos conteúdos (textos, imagens, músicas, códigos, etc.), como fazem o ChatGPT, DALL-E, DeepSeek, Midjourney e outros.

As redes neurais generativas e os modelos de linguagem utilizados nesse tipo de IA também empregam conceitos matemáticos, incluindo álgebra linear (vetores e matrizes), cálculo (otimização, derivadas e gradientes), estatística (distribuições de probabilidade, Teorema de Bayes, transformações lineares e não lineares, análise numérica, entres outros). Esses conceitos formam uma base teórica que contribui para a transformação, manipulação e otimização de dados, possibilitando que a IA reconheça padrões complexos e possa gerar novos conteúdos.

As pesquisas em Educação Matemática que utilizam Inteligência Artificial Generativa e propõem tarefas escolares ainda são incipientes e, particularmente no Brasil, ainda são em nível de relatos de experiências com discussões de impressões preliminares ou apenas com poucas análises sobre problemas usuais em matemática solucionados por uma IA Generativa (Borba; Balbino Jr., 2023; Santos; Sant'Ana; Sant'Ana, 2023; Pardos; Bhandari, 2023; Lopes; Borba, 2024). Os conteúdos abordados por esses autores são: álgebra, logaritmos, parábola e matemática financeira, geometria euclidiana plana e lógica, voltados ao Ensino Fundamental II e Ensino Médio. Embora ainda existam poucas pesquisas sobre o tema, as Inteligências Artificiais Generativas já fazem parte das práticas docentes, especialmente entre professores do Ensino Superior. Em uma oficina conduzida pelo segundo autor deste livro, realizada em fevereiro de 2025, com a participação de cinquenta docentes da Universidade do Estado de Mato Grosso (UNEMAT), *campus* de Nova Mutum (MT), foram identificadas as IAs Generativas mais utilizadas pelos participantes, conforme ilustrado na Figura 3.

Figura 3: Nuvem de palavras das IAs Gen mais utilizadas pelos docentes da UNEMAT, *Campus* Nova Mutum (MT).

Fonte: Elaborado pelos autores.

Na nuvem de palavras apresentada na Figura 3, é possível observar que o ChatGPT é a IA Gen mais utilizada pelos docentes participantes da oficina. Iniciativas como o guia da Organização das Nações Unidas – UNESCO (2023, 2024) e os guias práticos do Instituto Latinoamericano de Desarrollo Profesional Docente (Aprende Virtual, 2024; 2024a) apresentam tarefas, problemas, exercícios e discussões teóricas sobre o ChatGPT. Isso sugere que essa preferência não é uma particularidade desse grupo de docentes. O trabalho da UNESCO (2023) tem como público-alvo docentes do Ensino Superior. Já os guias práticos do Instituto Latinoamericano de Desarrollo Profesional Docente (Aprende Virtual, 2024; 2024a) têm o foco na Educação Básica.

Li e Zaki (2024) abordam a temática das Inteligências Artificiais e Inteligências Artificiais Generativas para sugerir aos designers os elementos que deveriam ser considerados na construção de aplicativos, softwares e ambientes virtuais para fins educacionais, especialmente para a Educação Matemática. Esses autores destacam:

> [...] IA podem [contribuir] a aprendizagem e o ensino de diversas maneiras. Alguns exemplos são: (1) atuar como tutores pessoais, fornecendo *feedback* personalizado imediato; (2) ajudar os alunos a refletir sobre aprender; (3) ajudar os professores fornecendo perfis do conhecimento atual de cada aluno; e (4) coletar informações, gerar ideias e fornecer resumos para ajudar os alunos a compreender rapidamente um tópico desconhecido, etc. (Li; Zaki, 2024, p. 210).

Além dessas possibilidades apresentadas por Li e Zaki (2024) para o ensino da Matemática, eles sugerem: geração de gráficos, imagens e recursos visuais; geração de listas de perguntas; geração de trilhas de aprendizagem; geração de cronogramas de revisão do conteúdo. Há, sem dúvida, sugestões múltiplas e interessantes para a participação das IAs Generativas nos processos de ensino e de aprendizagem da Matemática, sendo que o ChatGPT vem conquistando, progressivamente, a preferência entre professores e pesquisadores. Diante da diversidade das possíveis participações das IAs Generativas e de seu potencial transformador na Educação Matemática, consideramos necessário apresentar a você, leitor, uma base conceitual preliminar que contribua para a compreensão das propostas que serão exploradas nos capítulos seguintes. Para tanto, na próxima seção trouxemos uma apresentação introdutória dos referenciais teóricos que sustentam nossas discussões.

Agir e pensar com IA em Educação Matemática: um preâmbulo teórico

O desenvolvimento da Inteligência Artificial, em particular da IA Generativa, nos últimos anos, pode ser considerado um fenômeno caracterizado por sua rapidez e um dinamismo inovador sem precedentes na história. Além de influenciar nossas tarefas pessoais e profissionais, também impacta nos referenciais teóricos, metodológicos e até mesmo nas transformações das visões epistemológicas e de aprendizagem de estudiosos, pesquisadores e docentes.

Borba e Balbino Jr. (2023), fundamentados no construto seres-humanos-com-mídias, afirmam, por exemplo, que, com a Inteligência Artificial Generativa, o papel ativo das mídias na produção de conhecimento se tornou mais evidente. Esses autores desafiam pesquisadores e docentes a pensar e elaborar problemas para coletivos de seres-humanos-com-ChatGPT que produzem conhecimento matemático.

No que diz respeito à Teoria da Atividade, Li e Zaki (2024) abordam a temática da Inteligência Artificial destacando que os conceitos de artefatos, motivação, *agency,* entre outros, podem contribuir para compreensões sobre como a aprendizagem ocorre. No que diz respeito, especificamente, à Educação Matemática, esses autores destacam a participação das IAs na produção de recursos visuais, na elaboração de questões, no planejamento de percursos formativos, na organização de revisões de conteúdo e na resolução de problemas.

O construto seres-humanos-com-mídias (Borba, 1999; Borba; Villarreal, 2005) e a Teoria da Atividade (Engeström, 1987; 2001) são as principais bases teóricas que utilizamos para analisar e discutir as pesquisas e práticas que serão abordadas ao longo desta obra. O construto concebe a produção do conhecimento como produto de um coletivo em que humanos e não humanos têm poder de ação (*agency*) e a TA, por sua vez, propicia compreensões em uma representação sistêmica composta por artefatos, sujeitos, objeto, regras, comunidade e divisão do trabalho. Essa aproximação está presente na ideia de que o construto teórico seres-humanos-com-mídias pode ser visto como um sistema de atividade (Souto; Araújo, 2013) e pela visão de que o conhecimento se transforma historicamente com o ser humano e com as tecnologias disponíveis.

Nós assumimos a visão de que existe uma antropomorfização, ou melhor, uma antropomorfiMÍDIAÇÃO entre humanos e tecnologias, em que ambos têm poder de ação. Ela pode ser considerada uma miscigenação entre a noção de mídias (Borba; Souto; Cunha; Domingues, 2023) e uma releitura das ideias de artefatos (Engeström, 1987), o que implica no reconhecimento do *agency* de atores não humanos.

Os referenciais teóricos que empregamos neste livro se alinham às concepções que fundamentam a Educação Matemática desde a sua gênese, quando já se pensava em uma Matemática mais articulada, menos engessada, mais conectada com os estudantes e voltada para estimular a curiosidade e tornar a aprendizagem mais alcançável. Essas questões até hoje perpassam pelas interações que temos com as tecnologias digitais, particularmente com as Inteligências Artificiais.

A Educação Matemática começa a se consolidar na transição do século XIX para o XX, uma vez que John Dewey (1859-1952) e Félix Klein (1849-1925) se destacam por defendê-la de forma clara em meio a choque de opiniões. As principais indicações eram a superação do formalismo, maior integração entre as disciplinas, evitar tensões entre professores e estudantes, abordar o conteúdo de forma a contribuir com a compreensão, despertar o interesse e dar maior atenção às questões psicológicas dos estudantes.

Ao longo do tempo, no entanto, algumas das preocupações da Educação Matemática se transformaram, acompanhando as mudanças sociais, culturais e tecnológicas. Borba (2021), por exemplo, chama a atenção para os desafios evidenciados durante a pandemia da covid-19. Embora o uso das tecnologias digitais tenha se intensificado, as desigualdades de acesso foram "escancaradas". Diante desse cenário, o autor propõe reflexões fundamentais para a Educação Matemática, especialmente no que se refere à promoção da justiça social e ao enfrentamento das desigualdades presentes na sociedade contemporânea. Com isso, e considerando que a chegada das Inteligências Artificiais Generativas traz novos desafios éticos, epistemológicos e sociais, faz-se necessária a ampliação do diálogo com a Educação Matemática Crítica.

Nesta seção apresentamos um preâmbulo, ou seja, um texto introdutório das discussões teóricas que serão aprofundadas nos capítulos que seguem. De forma particular, no capítulo IV, aliamos essas reflexões à nossa própria perspectiva, em diálogo com a IA Generativa, para argumentar como essas teorizações alcançaram outros patamares.

No próximo capítulo, apresentaremos estudos e práticas de sala de aula que analisam a participação de Inteligências Artificiais Generativas em aulas de Matemática e as transformações que podem provocar. Pesquisas, estudos e trabalhos como esses ainda precisam ser amplamente publicizados (Capes, 2024). Abordaremos algumas estratégias pedagógicas possíveis para as aulas de Matemática que foram desenvolvidas por coletivos de estudantes-e-professores-com--IAs-Generativas.

Capítulo II

Inteligências Artificiais Generativas na sala de aula de Matemática

A discussão sobre tecnologias digitais tem muitas facetas e/ou intersecções com outras Tendências[7] em Educação Matemática, como Modelagem Matemática, Formação de Professores, Etnomatemática, Educação Matemática Crítica, aprendizagem com toques de tela, concepções de gênero, racismo, diversidades sociais e culturais, entre outras (Bairral; Marins, 2025; Rosa; Powell, 2024; Oliveira; Martins, 2024).

As Inteligências Artificiais Generativas possibilitam a continuidade desses debates com a valorização do diálogo entre saberes diversos e a crítica às abordagens homogêneas, descontextualizadas e encapsuladas da matemática. Ao mesmo tempo em que reafirma princípios já presentes em trabalhos amplamente publicizados por esses e outros educadores matemáticos, o foco das pesquisas se expande, incorporando, por exemplo, a necessidade de análises que considerem questões éticas e sugerindo, com maior intensidade, que a noção de *agency* não é uma particularidade de atores humanos apenas.

A participação de Inteligências Artificiais Generativas na Educação Matemática sugere que seu poder de ação provoca transformações

---

[7] Uma Tendência em Educação Matemática representa uma busca por respostas a novas problemáticas e demandas sociais (D'Ambrosio; Borba, 2010). Nesse sentido, trata-se de um esforço coletivo voltado à problematização, à produção de respostas e à superação de determinadas situações.

nos processos de ensino e de aprendizagem. Como destaca Di Felice (2022), "as tecnologias digitais de última geração [como as IAs] exprimem o advento de um protagonismo dos não humanos, [...] que marca, provavelmente, a chegada de um novo tipo de comum em que *humanos e não humanos interagem e dialogam entre si*" (p. 80, grifos nossos). As Inteligências Artificiais e outros atores como "vírus, florestas, emissões, clima, algoritmos, *big data* e softwares tornaram-se agentes cada vez mais poderosos, capazes de influenciar nossas ações e modificar nosso agir" (Di Felice, 2022, p. 85).

Essa concepção, também defendida por Freitas e Sinclair (2013), reconhece que as coisas externas ao cérebro humano – como os artefatos tecnológicos e o ambiente – são agentes e participam da cognição. Assim, ela converge com a noção de seres-humanos-com-mídias (Borba, 1997; 1999; Borba; Villarreal, 2005; Borba; Souto; Cunha; Domingues, 2023). Esse construto teórico, desenvolvido há mais de duas décadas, sustenta que o conhecimento matemático foi produzido ao longo da história por coletivos de seres-humanos-com-tecnologias, como a oralidade, a escrita e a informática. A eclosão das Inteligências Artificiais Generativas acendeu novos holofotes sobre essas ideias, conferindo-lhes visibilidade renovada e fortalecendo, entre pesquisadores, o reconhecimento do *agency* de atores não humanos. Um feixe dessas luzes incide, com maior intensidade, sobre as transformações nos modos de ensinar e aprender Matemática, provocadas pelo poder de ação dos atores não humanos.

As possibilidades de interação entre humanos e não humanos, na realização de tarefas diárias, vêm se ampliando com a crescente variedade de Inteligências Artificiais Generativas disponíveis. Cada uma delas oferece um conjunto diverso de funcionalidades, destacando-se em áreas específicas como mostra o comparativo[8] realizado por Yang (2025), apresentado no Quadro 1. Nele, é possível observar as principais diferenças entre as *affordances* das IAs Generativas, sugerindo que a escolha mais adequada depende diretamente do tipo de tarefa ou necessidade do usuário.

---

[8] Figura original disponível em: https://tinyurl.com/97yufw4f. Acesso em: 10 abr. 2025.

Quadro 1: Análise comparativa de IAs Generativas.

Melhor ☆   Sim ☑   Não ✖

Categoria	ChatGPT	Claude	Grok	Gemini	Perplexity
Respostas cotidianas	☆	☑	☑	☑	☑
Escrita	☑	☆	☑	☑	☑
Programação	☑	☑	☑	☆	☑
Matemática	☆	☑	☑	☑	☑
Raciocínio	☆	☑	☑	☑	☑
Busca na web	☑	☑	☑	☑	☆
Pesquisa profunda	☆	✖	✖	☑	☑
Chat por voz	☆	✖	☑	☑	☑
Geração de imagem	☆	✖	☑	☑	✖
Geração de vídeo	☑	✖	✖	☆	✖
Câmera ao vivo	☆	✖	✖	☑	✖
Uso do computador	☆	☑	✖	✖	✖

Atualizado em abril de 2025

Fonte: Baseado em Yang (2025) e traduzido pelo ChatGPT em 2025.

De acordo com a análise comparativa apresentada por Yang (2025), o ChatGPT sobressai como a Inteligência Artificial mais versátil da atualidade, sendo avaliada positivamente em todas as categorias e destacando-se no fornecimento de respostas cotidianas, na realização de cálculos matemáticos, no raciocínio lógico, na pesquisa aprofundada, na interação por meio de chat por voz, na geração de imagens e na operação de funcionalidades computacionais. A IA Generativa Claude evidencia um desempenho equilibrado, com notável competência na produção textual, embora não ofereça suporte a funcionalidades como chat por voz ou geração de imagens. Já o Grok, apesar de apresentar desempenho satisfatório em tarefas básicas, revela limitações no que se refere ao uso de vídeo, câmera ao vivo e controle de dispositivos computacionais.

Nesse cenário diversificado de funcionalidades e desempenhos, destaca-se também o Gemini, que se configura como um concorrente relevante, sobretudo em tarefas relacionadas à programação. Essa IA Gen está incorporada a diversas aplicações do Google, como o assistente inteligente NotebookLM,[9] que, a partir de arquivos fornecidos pelo usuário, é capaz de gerar resumos, responder perguntas sobre o conteúdo, elaborar mapas mentais e até criar um podcast com base nos temas abordados nos documentos. Por fim, o Perplexity diferencia-se pela excelência na realização de buscas na web e pela abrangência geral de seus recursos, ainda que não disponha de funcionalidades voltadas à geração de imagens e vídeos.

Além das capacidades descritas no Quadro 1, as IAs Gen são capazes de processar grandes volumes de informação, gerar conteúdos, identificar padrões, realizar análises preditivas, tomar decisões baseadas em dados e executar ações, entre outros. Quando incorporadas aos espaços escolares, ampliam as possibilidades de ensino e aprendizagem.

O Quadro 1 obviamente já estará desatualizado quando este livro chegar ao leitor. Agora mesmo, enquanto escrevemos este capítulo, notamos que ele já o está, pois não inclui o DeepSeek e o Manus, IAs Generativas que ficaram conhecidas apenas no início de 2025. Considerando que as *affordances* das Inteligências Artificiais Generativas estão em constante atualização e que novos modelos continuam a emergir, recomendamos que o leitor experimente diretamente cada uma delas, avaliando seu potencial e sua capacidade de atender a necessidades específicas.

Originária da China, o DeepSeek é uma IA Generativa de código aberto que, embora lançada inicialmente em 2023, ganhou destaque em 2025 com a introdução do modelo DeepSeek R1. Este modelo destacou-se por apresentar uma performance comparável ao OpenAI o1, porém com um custo significativamente menor, estimado entre 3% e 5% do valor do modelo proprietário da OpenAI, conforme apontado por Rech (2025). A eficiência do DeepSeek reside em sua arquitetura baseada em modelos compactos, com aproximadamente 1,5 bilhão de parâmetros. Isso contrasta fortemente com a escala estimada do GPT-4 da OpenAI que, apesar da falta de divulgação oficial, especialistas calculam operar com algo entre 500 bilhões e mais de 1 trilhão de parâmetros.

Essa diferença influencia diretamente nos custos de desenvolvimento e operação dessas tecnologias. Por isso, o lançamento do DeepSeek R1,

---

[9] Disponível em: https://notebooklm.google.com. Acesso em: 15 jun. 2025.

por oferecer uma alternativa mais leve e acessível, provocou uma reação no mercado: em 27 de janeiro de 2025, houve uma queda nas ações de grandes empresas de tecnologia como Nvidia, Microsoft, Meta e OpenAI.

Outra IA Generativa chinesa que vem ganhando destaque é o Manus.[10] Lançada oficialmente em 6 de março de 2025, sua principal distinção reside na arquitetura de sistema multiagente. Tal arquitetura confere ao Manus a capacidade de atuar como um "superagente", orquestrando a colaboração entre diferentes modelos especializados para realizar tarefas complexas autonomamente, sem exigir supervisão humana direta ou constante. Ao contrário de assistentes virtuais tradicionais que dependem de comandos sequenciais, o Manus atua como um "parceiro digital" capaz de transformar instruções gerais em ações concretas no mundo digital. Por exemplo, ao receber um arquivo compactado com currículos, ele não apenas os classifica, mas também analisa cada um, extrai habilidades relevantes, cruza essas informações com tendências do mercado de trabalho e apresenta uma decisão de contratação otimizada, incluindo uma planilha gerada autonomamente.

Como podemos perceber, atualmente há uma ampla gama de IAs Generativas que oferecem funcionalidades variadas, capazes de atuar como parceiras no exercício da prática docente. Um exemplo reside na formulação de problemas de modelagem matemática desafiadores, os quais podem ser integrados à prática pedagógica com o intuito de fomentar o pensamento crítico, a criatividade e a capacidade de resolução de problemas por parte dos estudantes (Rodrigues; Souto, no prelo). Ademais, as Inteligências Artificiais Generativas possibilitam o desenvolvimento de jogos e atividades gamificadas conferindo maior dinamismo e interatividade às aulas. Tais recursos, ao ampliarem as possibilidades metodológicas, podem contribuir para a participação ativa dos estudantes e despertar o interesse pela aprendizagem da matemática.

Dessa forma, a presença das IAs Generativas nas salas de aula não se resume a uma inovação tecnológica, mas implica transformações que envolvem a formação continuada de professores, a cultura escolar e a redefinição dos papéis de diversos atores que participam do processo educativo. A esse respeito, apresentamos, neste capítulo,

---

[10] Disponível em: https://manus.im/login. Acesso em: 15 jun. 2025.

exemplos que ilustram como o *agency* (poder de ação) dos coletivos estudantes-e-professores-com-IA têm provocado transformações tanto nas aulas de Matemática quanto na formação de professores. Também propomos recomendações que podem contribuir para minimizar possíveis desafios associados à integração das Inteligências Artificiais Generativas nos ambientes escolares.

Estratégias pedagógicas com IA Generativa em diferentes salas de aula

Na sala de aula do 4º ano do Ensino Fundamental de uma escola do interior do estado de São Paulo foi desenvolvido um experimento de ensino baseado na exploração de tarefas matemáticas realizadas com o GeoGebra e o ChatGPT relacionadas à Mostra Brasileira de Foguetes (MOBFOG), envolvendo produção musical e audiovisual na apresentação de resultados (Silva; Donegá; Namukasa, 2024).

Nesse estudo foram propostas tarefas organizadas em três etapas principais. Na primeira, investigaram-se os conhecimentos prévios dos alunos com base em suas vivências na MOBFOG. Em seguida, os estudantes participaram de um cenário investigativo envolvendo simulações de lançamentos de foguetes no GeoGebra, retomando conceitos explorados na mostra (MOBFOG). Por fim, utilizaram o ChatGPT para compor poemas que expressassem suas aprendizagens ao longo da experiência.

Considerando o escopo deste capítulo, optamos por destacar a última etapa do experimento de ensino, que apontou a mobilização de uma inteligência coletiva entre estudantes e Inteligências Artificiais. Essa etapa foi marcada por um processo criativo e colaborativo, resultando na composição de poemas inspirados nas vivências dos estudantes participantes da MOBFOG e em suas experimentações matemáticas realizadas com o GeoGebra.

Com base em um poema elaborado pelos estudantes, os pesquisadores compuseram a música "MOBFOG No TEMA",[11] além de

---

[11] RP Matemática Unesp/IBILCE. MOBFOG No TEMA [recurso sonoro: 2min7s]. *SoundCloud*, 18 maio 2024. Disponível em: https://soundcloud.com/rp-matematica-unesp-ibilce/mobfog-no-tema. Acesso em: 19 jun. 2025.

produzirem um videoletra[12] correspondente. Segundo os autores, a canção foi criada utilizando o aplicativo Suno AI em conjunto com o software Logic Pro X. Já o videoletra foi desenvolvido a partir de imagens geradas com o ChatGPT 4.0, com edição final realizada no Final Cut Pro.

Cabe, aqui, uma breve explicação sobre as possibilidades de uso da Inteligência Artificial Suno. Além de estar disponível na forma de aplicativo para dispositivos móveis, essa IA também pode ser acessada por meio da sua plataforma online.[13] Ambas as versões permitem a criação de músicas em dois modos: simples e personalizado. No modo simples, a IA gera uma canção com base em um *prompt* textual, por exemplo: "Crie uma música no estilo rock que aborde o conteúdo de probabilidade, para ser trabalhada com alunos do Ensino Fundamental". Já no modo personalizado, o usuário deve inserir a letra completa da música e selecionar o estilo musical desejado, o que possibilita maior controle sobre a criação artística.

Retomando o experimento descrito por Silva, Donegá e Namukasa (2024), os pesquisadores ressaltam que a incorporação de elementos artísticos – como poemas, músicas e videoletras – ampliou o alcance pedagógico do estudo e das possibilidades de aprendizagem, pois houve novas formas de envolvimento dos alunos e o rompimento com os modelos encapsulados de ensino. A utilização de Inteligências Artificiais Generativas na criação de produções musicais ilustra o potencial da arte como possibilidade criativa na divulgação científica. Esse trabalho enfatiza uma abordagem pedagógica interdisciplinar, que articula Matemática, Arte, engenharia e tecnologias digitais como estratégia para promover a participação ativa de estudantes, IAs Generativas e a plataforma GeoGebra.

O conhecimento matemático e artístico produzido não emergiu exclusivamente da ação humana (professores ou estudantes),

---

[12] RESIDÊNCIA PEDAGÓGICA – MATEMÁTICA | Unesp IBILCE. MOBFOG no Tema. YouTube, 28 maio 2024. Disponível em: https://www.youtube.com/watch?v=WN_RePIS8ZM. Acesso em: 19 jun. 2025.

[13] SUNO. Suno AI: plataforma de criação musical por inteligência artificial. Disponível em: https://suno.com. Acesso em: 19 jun. 2025.

mas sim da participação de humanos, tecnologias digitais usuais (GeoGebra, Logic Pro X, Final Cut Pro) e Inteligências Artificiais Generativas (ChatGPT e Suno AI). Constituiu-se um coletivo híbrido de estudantes-professores-com-TDs-e-IAs, em que os atores não humanos coparticiparam como agentes ativos que contribuíram para dinâmicas criativas e investigativas. Nesse tipo de coletivo, a fronteira entre os humanos, as tecnologias digitais e as IAs Generativas é "borrada", não sendo possível distinguir limites entre um e outro (Engelbrecht; Oates; Borba, 2025).

A etapa final, centrada na produção poética com o ChatGPT, é particularmente interessante para observar que há uma inteligência coletiva que é diluída nas participações dos atores humanos e não humanos. A utilização do software GeoGebra para simulação, o Suno para composição musical e o Final Cut Pro para edição audiovisual sugere momentos de reorganização do pensar matemático e estético, discutido por (Borba; Scucuglia; Gadanidis, 2014).

Quando estudantes e Inteligências Artificiais Generativas atuam coletivamente na produção de conhecimento matemático, as perguntas, respostas, interpretações e decisões são influenciadas pelos *feedbacks* da IA, e a IA também é configurada por dados, linguagens e intenções humanas. Há, portanto, uma agência coletiva (Cunha, 2023) impulsionada pela ação conjunta de autores tecnológicos (como a IA generativa) e atores humanos. Essa ideia se aproxima das teorizações a respeito do processo de moldagem recíproca presente no construto seres-humanos-com-mídias (Borba, 1999; Borba; Souto; Cunha; Domingues, 2023) e da Teoria Ator-Rede (Latour, 2012); ambos tratam tecnologias como parte do que significa ser humanos, seja como agentes ou como atores em rede.

A seguir, apresentamos o estudo de Borba e Balbino Jr. (2023) que discute a resolução de problemas de matemática com Chat-GPT. Essa IA resolveu satisfatoriamente problemas de matemática financeira e lógica matemática como o paradoxo do mentiroso. Entretanto, em um problema de geometria para calcular a área de um hexágono regular com o lado medindo 12 cm, a resposta apresentada estava incompleta (Figura 4).

Figura 4: Solução incorreta do ChatGPT ao problema de cálculo de área.

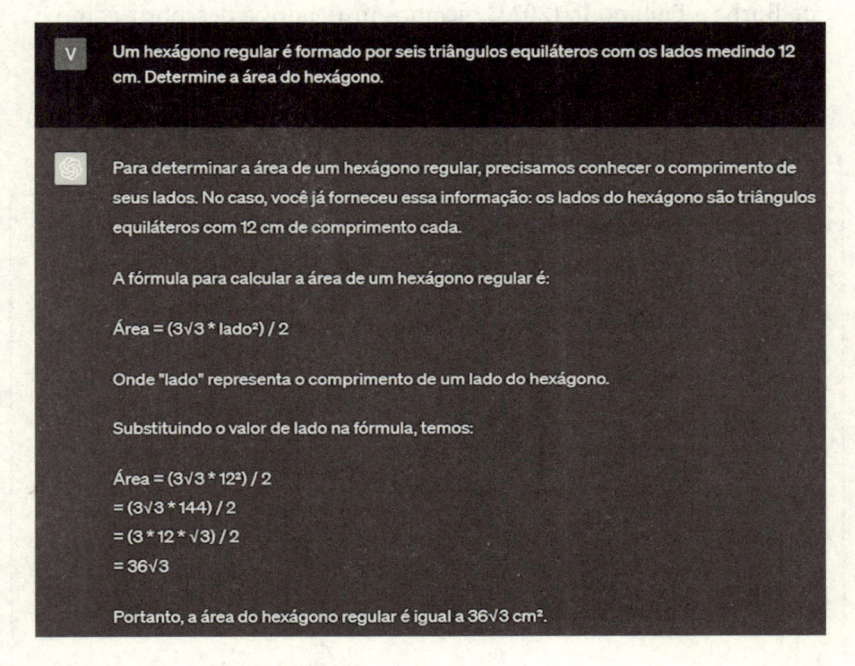

Fonte: Borba e Balbino Jr. (2023).

O ChatGPT inicialmente apresenta o passo a passo da solução de forma bem detalhada. No entanto, ele não finalizou corretamente o cálculo apresentando uma resposta incorreta. Preocupados com situações como esta, e como forma de potencializá-la para a aprendizagem, é que sugerimos a análise de erros (Cury, 2019). Analisar "o que deu errado" e o "porquê" e discutir em conjunto conceitos e ideias matemáticas, sem dúvida, amplia os espaços de aprendizagem.

Com base nos princípios da Teoria da Atividade (Engeström, 1987), nos conceitos do construto seres-humanos-com-mídias (Borba; Villarreal, 2005) e nas mudanças praticamente instantâneas das IAs Generativas, cremos que o *agency* é um processo que deve ser analisado em sua historicidade. Isso porque as mudanças qualitativas são contínuas nesses coletivos híbridos. Eles são constantemente reconfigurados à medida que novas IAs Generativas surgem ou são aprimoradas, modificando de forma dinâmica os modos de agir, de pensar e de produzir conhecimento. Assim, quando finalizamos a discussão sobre o trabalho de Borba e Balbino Jr. (2023), ficamos instigados a descobrir como o ChatGPT responderia a esse mesmo problema naquele momento (abril de 2025), dois anos após a primeira resposta (ver Figura 5).

Figura 5: Solução correta do ChatGPT ao problema de cálculo de área.

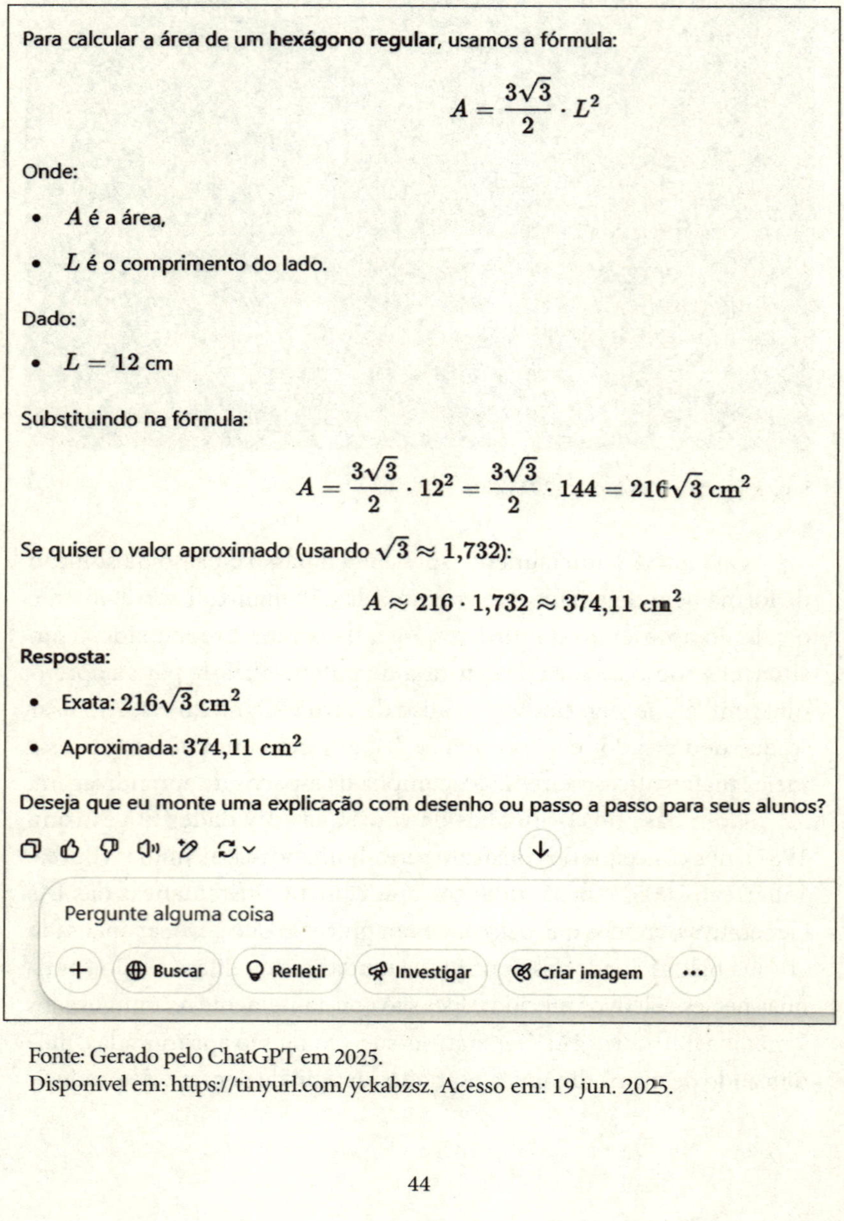

Para calcular a área de um **hexágono regular**, usamos a fórmula:

$$A = \frac{3\sqrt{3}}{2} \cdot L^2$$

Onde:

- A é a área,
- L é o comprimento do lado.

Dado:

- $L = 12$ cm

Substituindo na fórmula:

$$A = \frac{3\sqrt{3}}{2} \cdot 12^2 = \frac{3\sqrt{3}}{2} \cdot 144 = 216\sqrt{3} \text{ cm}^2$$

Se quiser o valor aproximado (usando $\sqrt{3} \approx 1{,}732$):

$$A \approx 216 \cdot 1{,}732 \approx 374{,}11 \text{ cm}^2$$

Resposta:

- Exata: $216\sqrt{3} \text{ cm}^2$
- Aproximada: $374{,}11 \text{ cm}^2$

Deseja que eu monte uma explicação com desenho ou passo a passo para seus alunos?

Pergunte alguma coisa

+   ⊕ Buscar   ○ Refletir   🖈 Investigar   ⊘ Criar imagem   ⋯

Fonte: Gerado pelo ChatGPT em 2025.
Disponível em: https://tinyurl.com/yckabzsz. Acesso em: 19 jun. 2025.

Dessa vez a resposta está completa e correta. Na resolução apresentada na Figura 5, há um aprimoramento na escrita da linguagem matemática em relação à solução apresentada em 2023 na Figura 4. Em 2025, a notação matemática do ChatGPT foi aprimorada com uso consistente de LaTeX[14] para apresentar fórmulas de forma clara, inclusive em contextos de Ensino Médio e Superior. As explicações contêm o significado de cada termo com linguagem acessível ou técnica, conforme o nível do aluno.

A solução apresentada pelo ChatGPT 3.5, discutida em Borba e Balbino Jr. (2023), levou-nos a propor a análise dos erros dessa IA Generativa. Em outras palavras, pode-se considerar que o *feedback* fornecido por essa atriz não humana e suas *"affordances"* gerou esse *agency*. Dois anos depois, com atualizações, reformulações e reconfigurações, uma nova versão, o ChatGPT 4.0, passou a operar. Nessa versão, a resposta foi apresentada de forma correta, em linguagem formal e com notação matemática adequada. Com isso, o *agency* também se modificou, pois a capacidade de agir por meio da produção de soluções coerentes é ampliada à medida que a IA Generativa evolui e incorpora um arcabouço mais robusto de conhecimentos matemáticos, estratégias e recursos computacionais.

Essa análise sugere que a noção de *agency* se mostra, a nosso ver, como um processo que requer análise em sua dimensão histórica, uma vez que os coletivos híbridos (humanos e não humanos) se transformam qualitativamente de maneira contínua. O que nos leva a afirmar que coletivos híbridos como esses são sistemática e continuamente reconfigurados à medida que novas Inteligências Artificiais Generativas são desenvolvidas ou aperfeiçoadas, promovendo alterações dinâmicas nos modos de ação e produção de conhecimento.

Mas, afinal, qual seria o novo *agency* nesse caso? A resposta a essa interrogação não é única. Contudo, Borba e Balbino Jr. (2023) deixam implícito o que poderia, nesses casos, ser considerado o poder de ação (ou que deveria mobilizar esses coletivos): pensar e elaborar problemas para coletivos de seres-humanos-com-ChatGPT.

---

[14] O LaTeX é um sistema de composição tipográfica de alta qualidade, que inclui recursos projetados para a produção de documentação técnica e científica. Ele é padrão para a comunicação e publicação de documentos científicos. Disponível em: https://www.latex-project.org/. Acesso em: 19 jun. 2025.

Um caminho possível para esse tipo de aprendizagem e também para o novo *agency* indicado na pesquisa anterior é trabalhar com problemas de modelagem matemática. Lopes e Borba (2024) desenvolveram uma pesquisa com esse foco em aulas no Ensino Superior na disciplina de Equações Diferenciais I. Um dos componentes de um dos grupos que trabalhava em um bar-restaurante sugeriu o seguinte problema de modelagem a ser resolvido: analisar os impactos financeiros da introdução de um novo prato no menu.

Mesmo com a participação do ChatGPT, os estudantes apontaram dificuldade em relação à construção do modelo: "ele [ChatGPT] estava me dando uma fórmula que não estava muito fiel à realidade. Aí eu peguei a fórmula que ele me deu e alterei pro meu sistema" (Lopes; Borba, 2024). Neste caso, o *agency* do ChatGPT fez com que um dos estudantes buscasse modificações para que o modelo atendesse ao objetivo esperado. Esse coletivo pensante construiu a seguinte solução representada na Figura 6.

Figura 6: Solução ao problema de modelagem elaborado por estudantes-com-ChatGPT.

Uma equação diferencial ordinária de primeira ordem foi construída, sendo P(t) o lucro em função do tempo t, $\frac{dP}{dt}$ a variação do lucro, D é a demanda e I é o investimento, que depende do contexto do problema. [...] D e I foram considerados constantes. As constantes de proporcionalidade $k1$ e $k2$ são determinadas pelo impacto do investimento e da demanda no crescimento no lucro.

- **Semana 1**

  Calculando a taxa de variação do lucro:

  $dP/dt = k2 * D - k1 * I$

  $dP/dt = 17 * 20 - 1 * 60$

  $dP/dt = 280$

  $P1 = P0 + dP/dt$

  $P1 = 5500 + 280$

  $P1 = 5780$

[...] o lucro inicial $P0$ do restaurante foi de R\$5.500, o I foi R\$50,00, o D foi considerado como 20 unidades, a constante $k2$= 17 (o que indica que o aumento de uma unidade na demanda representa um aumento de R\$ 17,00 no lucro) e $k1$=1, representando peso 1 para cada real investido. O grupo observou que, na primeira semana, obteve um lucro líquido de R\$280,00, resultando em um lucro total de $P1$=R\$5.780,00. Aplicando o mesmo cálculo para as semanas seguintes, concluiu-se que o lucro líquido mensal foi de aproximadamente R\$1.000,00.

Fonte: Lopes e Borba (2024).

O grupo concluiu que houve um aumento mensal no lucro de R$ 980,00, o que sugere que a inclusão de um novo item no cardápio foi acertada (Lopes; Borba, 2024). A análise empírica dos autores indicou que a colaboração entre estudantes e IAs Generativas na elaboração de modelos matemáticos pode contribuir para: aprendizagem de conceitos, princípios, fundamentos e ideias matemáticas; pensamento lógico, dedução e análise; investigação de cenários; exame de contextos; análise de circunstâncias; uso prático da matemática, adaptação matemática ao cotidiano; interpretação matemática do mundo real; formulação de distintas representações; validação de respostas; comprovação de resultados; e conclusões textuais.

No coletivo constituído, os estudantes elaboraram os *prompts* e o ChatGPT respondia a eles. De acordo com os autores, havia imprecisões algébricas e dependência acrítica. A identificação de soluções incorretas sugere que o pensamento foi reorganizado (Tikhomirov, 1981; Borba, 1993). Isso porque o modo de formular questões, de interpretar respostas e de analisar a validade dos resultados envolve diferentes formas de atenção, raciocínio e tomada de decisão.

Conforme discutimos anteriormente, a identificação de erros ou imprecisões em coletivos de seres-humanos-com-IAs-Generativas manifestam poder de ação (*agency*). Neste caso, no que diz respeito à constatação da dependência acrítica do ChatGPT, interpretamos que as indicações dos próprios autores sugerem uma mobilização *(agency)* em direção à busca por reflexões críticas. Um caminho pertinente, nessa situação, é trazer para o debate as teorizações da Educação Matemática Crítica (Borba; Skovsmose, 2001).

Em outro trabalho, também de modelagem matemática, que desenvolvemos com estudantes da graduação em Matemática, na disciplina ministrada por Marcelo Borba, na Universidade Estadual Paulista "Júlio de Mesquita Filho" – Unesp, propusemos aos estudantes uma análise matemática do crescimento populacional com uso da modelagem matemática e o ChatGPT. Ou seja, um problema aberto sem resposta única, o que possibilita certa autonomia ao coletivo de estudantes-com-ChatGPT. Um dos alunos optou por modelar as populações em interação de predadores e presas, especificamente ratos e corujas. Primeiramente com a intenção de obter uma proposta pedagógica para desenvolver com alunos do Ensino Médio. As respostas do ChatGPT são apresentadas nas Figuras 7, 8 e 9, e também podem ser acessadas por meio da página[15] que registra a interação com a IA Generativa.

Figura 7: Primeira parte da resposta gerada por IA

Modelo de Interação entre Ratos e Corujas

1. Introdução ao Conceito de Predador-Presa:

- Comece explicando a relação básica entre ratos e corujas:
  - **Ratos:** Representam a população de presas. Eles se reproduzem rapidamente, o que faz sua população crescer.
  - **Corujas:** Representam a população de predadores. Elas se alimentam de ratos, e sua população depende da disponibilidade de presas.
- Use uma história ou uma pequena simulação para ilustrar essa relação: "Se houver muitos ratos, as corujas têm bastante comida e sua população pode crescer. Se houver poucas corujas, a população de ratos cresce mais rapidamente."

2. Simplificando o Modelo para os Alunos:

- Em vez de apresentar equações diferenciais, simplifique o modelo com regras básicas:
  - Quando a população de ratos aumenta, a população de corujas também tende a aumentar, porque há mais alimento.
  - Quando a população de corujas aumenta muito, ela consome mais ratos, o que pode fazer a população de ratos diminuir.
  - Com menos ratos disponíveis, a população de corujas também diminui, permitindo que os ratos se recuperem.

Fonte: Gerado pelo ChatGPT em 2024.

---

[15] OPENAI. ChatGPT: conversa compartilhada. *ChatGPT*, 19 jun. 2025. Disponível em: https://tinyurl.com/yn4e2kbr. Acesso em: 19 jun. 2025.

Figura 8: Segunda parte da resposta gerada por IA.

3. Construção de Tabelas e Gráficos:

- Faça uma tabela com os alunos, onde eles podem prever como as populações mudam ao longo do tempo. Por exemplo:

Tempo (Meses)	Ratos	Corujas	
1	50	10	
2	70	15	
3	60	20	

- Os alunos podem usar regras simples para preencher essa tabela, como:
  - Se há muitos ratos (por exemplo, mais de 60), a população de corujas aumenta.
  - Se há muitas corujas (por exemplo, mais de 15), a população de ratos diminui.

4. Visualização:

- Plote gráficos para mostrar como as populações de ratos e corujas mudam ao longo do tempo. Isso pode ser feito em papel ou usando um software de gráficos simples.
- No gráfico, mostre as oscilações típicas da relação predador-presa: quando a população de ratos sobe, a de corujas sobe logo depois, e vice-versa.

Fonte: Gerado pelo ChatGPT em 2024.

Figura 9: Terceira parte da resposta gerada por IA.

5. Discussão e Reflexão:

- Pergunte aos alunos: "O que acontece se a população de corujas se tornar muito grande? E se os ratos desaparecerem?"
- Introduza a ideia de equilíbrio dinâmico, onde as populações oscilam em torno de valores médios.

Atividades Práticas

- **Simulação com Cartões ou Objetos:** Use cartões ou objetos para representar ratos e corujas. Divida a turma em grupos e faça-os simular a interação entre as populações seguindo regras predefinidas.
- **Projeto Grupal:** Peça aos alunos para escolherem diferentes pares de predador-presa e modelarem suas interações usando o mesmo método simplificado. Eles podem apresentar suas conclusões à turma.

Conclusão

Essa atividade é uma ótima maneira de ilustrar conceitos como interação ecológica, dinâmica populacional e equilíbrio. Mesmo sem usar equações diferenciais, os alunos podem compreender as ideias fundamentais por trás do modelo predador-presa, como as flutuações populacionais e a interdependência das espécies.

Fonte: Gerado pelo ChatGPT em 2024.

A modelagem matemática possui diferentes enfoques e perspectivas (Meyer; Caldeira; Malheiros, 2019; Soares; Javaroni, 2013; Javaroni; Soares, 2012), podendo ser articulada com diversas tendências em Educação Matemática. A proposta pedagógica construída com o ChatGPT, apresentada nas Figuras 7, 8 e 9, se configura como uma modelagem sob a perspectiva da Educação Ambiental (Caldeira, 1998; Ferreira, 2003; Malheiros, 2012) e está entrelaçada com a tendência de tecnologias digitais. Essa articulação já constitui uma tradição no âmbito do GPIMEM, como exemplifica o estudo de Canedo Jr., Borba e Villa-Ochoa (2025), que analisou as contribuições dos vídeos digitais nas práticas de Modelagem Matemática.

Nessa proposta, o enfoque está na resolução de problemas ambientais em aulas e também na formação continuada de professores. O modelo predador-presa, indicado pela IA Generativa, oportuniza a discussão sobre interação ecológica, dinâmica populacional e equilíbrio, flutuações populacionais e interdependência das espécies. Autores como Coles, Solares-Rojas e Roux (2024) destacam a relevância dessas discussões e defendem que os gestos socioecológicos e a Educação Matemática juntos podem contribuir para, se não acabar, pelo menos minimizar o colapso iminente dos sistemas terrestres que sustentam formas de vida.

A noção de gestos socioecológicos proposta por Coles, Solares-Rojas e Roux (2024) envolve práticas educativas intencionais e situadas, que assumem a matemática como linguagem para compreender, problematizar e transformar tanto as estruturas sociais quanto os processos que ameaçam a sustentabilidade ecológica. Um exemplo da aplicação dessa noção é o estudo de Carvalho e Borba (2025), que analisou como a narrativa matemática apresentada em vídeos digitais pode contribuir para abordar questões sobre sustentabilidade e desenvolvimento socioambiental.

Voltando ao exemplo discutido na disciplina da Unesp, a resposta proposta pelo ChatGPT despertou a curiosidade do estudante que, na sequência, solicitou a essa IA Generativa que apresentasse o processo de Modelagem Matemática utilizando o modelo de Lotka-Volterra (ver Figuras 10 e 11).

Figura 10: Modelo de Lotka-Volterra gerado por IA.

Para modelar matematicamente a interação entre populações de predadores e presas, como ratos e corujas, podemos usar o **Modelo de Lotka-Volterra**. Este é um conjunto de equações diferenciais que descrevem como as populações de duas espécies interagem ao longo do tempo. Vamos descrever o modelo e como ele pode ser aplicado:

Modelo de Lotka-Volterra

O modelo básico de Lotka-Volterra para um sistema predador-presa é dado por um par de equações diferenciais:

1. **Equação para a população de presas (ratos):**

$$\frac{dR}{dt} = \alpha R - \beta RC$$

2. **Equação para a população de predadores (corujas):**

$$\frac{dC}{dt} = \delta RC - \gamma C$$

Onde:

- R é a população de ratos (presas).
- C é a população de corujas (predadores).
- α é a taxa de crescimento natural dos ratos na ausência de corujas.
- β é a taxa de predação, que depende da probabilidade de encontros entre ratos e corujas.
- δ é a taxa de reprodução das corujas por unidade de presas consumidas.
- γ é a taxa de mortalidade natural das corujas na ausência de ratos.

Como Funciona o Modelo

1. **População de Ratos ($\frac{dR}{dt}$):**

   - αR: Os ratos se reproduzem a uma taxa proporcional à sua população (R), representada por α. Este termo indica o crescimento da população de ratos na ausência de corujas.
   - $-\beta RC$: A população de ratos diminui devido à predação pelas corujas. Esta taxa de predação é proporcional ao número de encontros entre ratos e corujas, que é representado pelo produto RC e a constante β.

2. **População de Corujas ($\frac{dC}{dt}$):**

   - δRC: As corujas se reproduzem em uma taxa proporcional ao número de ratos que consomem. Este termo representa o ganho para a população de corujas.
   - $-\gamma C$: As corujas têm uma taxa de mortalidade natural representada por γ. Este termo indica a diminuição da população de corujas em função de sua própria taxa de mortalidade.

Fonte: Gerado pelo ChatGPT em 2024.
Disponível em: https://tinyurl.com/yn4e2kbr. Acesso em: 19 jun. 2025.

Figura 11: Sugestão de aplicação modelo de Lotka-Volterra gerado por IA.

Aplicando o Modelo

Para aplicar esse modelo na prática, siga os seguintes passos:

1. **Escolha Parâmetros Realistas:**
   - Estime ou obtenha de dados empíricos as taxas α, β, δ e γ. Por exemplo, a taxa de crescimento dos ratos α pode ser baseada em observações sobre o tempo de reprodução dos ratos.

2. **Defina as Condições Iniciais:**
   - Determine as populações iniciais de ratos (R_0) e corujas (C_0).

3. **Simule o Modelo:**
   - Use software matemático (como Python com `scipy.integrate` e `matplotlib` para visualização) para resolver numericamente as equações diferenciais e observar como as populações mudam ao longo do tempo.

4. **Interpretação dos Resultados:**
   - Analise as oscilações nas populações de ratos e corujas. O modelo de Lotka-Volterra prevê um comportamento oscilatório: quando a população de ratos cresce, a de corujas também cresce em seguida devido à abundância de alimento. Eventualmente, a população de corujas cresce tanto que começa a diminuir a população de ratos, e assim por diante.

Exemplo Prático com Valores

Suponha os seguintes parâmetros:

- $\alpha = 0.1$: Taxa de crescimento dos ratos.
- $\beta = 0.02$: Taxa de predação.
- $\delta = 0.01$: Taxa de reprodução das corujas por rato consumido.
- $\gamma = 0.1$: Taxa de mortalidade das corujas.

E condições iniciais:

- $R_0 = 40$: População inicial de ratos.
- $C_0 = 9$: População inicial de corujas.

Simulação Computacional

Para resolver essas equações, use métodos numéricos como o método de Runge-Kutta. Em Python, por exemplo, você pode utilizar a função `odeint` do `scipy` para simular a dinâmica dessas populações.

Conclusão

O modelo de Lotka-Volterra é uma maneira poderosa de entender a dinâmica das populações de predadores e presas. Embora seja um modelo simplificado, ele captura a essência das interações ecológicas e pode ser ajustado ou expandido para incluir fatores adicionais, como disponibilidade de recursos, sazonalidade, ou outros predadores e presas.

Fonte: Gerado pelo ChatGPT em 2024.
Disponível em: https://tinyurl.com/yn4e2kbr. Acesso em: 19 jun. 2025.

Essa segunda sugestão do ChatGPT (Figuras 10 e 11) apresenta uma matemática geralmente abordada em cursos de graduação e pós-graduação *stricto sensu*. Chama a atenção o detalhamento de cada etapa do processo de modelagem, desde a descrição do modelo básico, passando pela funcionalidade do modelo, interpretação de resultados até a sua aplicação prática, incluindo a sugestão de simulações computacionais para serem implementadas com a linguagem *Python*.

Ao longo desta subseção, apresentamos possibilidades para estratégias pedagógicas em salas de aulas em diferentes níveis de ensino elaboradas com Inteligências Artificiais Generativas. A seguir apresentamos possibilidades para a formação de professores.

IAs Generativas na formação de professores

O uso de Inteligências Artificiais Generativas tem sido uma prática recorrente nas ações formativas conduzidas pelos autores deste livro. Uma dessas iniciativas integrou um projeto de extensão universitária, vinculado à Universidade do Estado de Mato Grosso (UNEMAT), desenvolvido com professores do Ensino Fundamental de quatro escolas da rede municipal de Cáceres (MT).

A oficina foi realizada em formato híbrido, por meio de uma interação síncrona com o Google Meet. Os ministrantes – dois primeiros autores deste livro – conduziram a atividade remotamente, enquanto a maior parte dos participantes estava presencialmente em uma sala equipada com projetor, sob a orientação de membros da equipe do projeto. Simultaneamente, outros professores acompanharam a oficina online, em locais distintos, como ilustra a Figura 12.

Figura 12: Oficina desenvolvida em formato híbrido em 7 maio 2024.

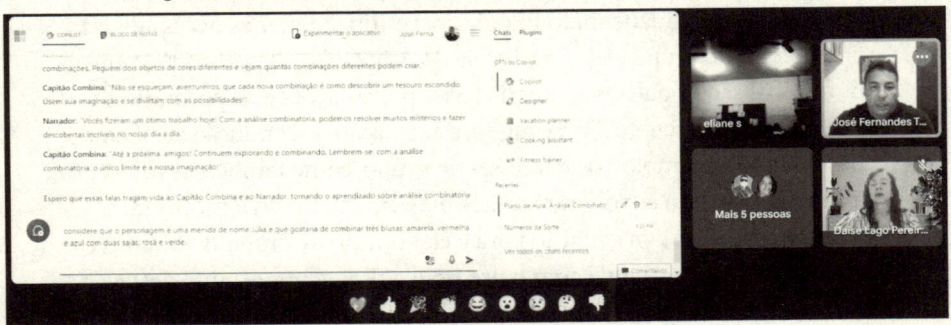

Fonte: Arquivo dos autores.

O objetivo da oficina era explorar as possibilidades das IAs Generativas para ensino da unidade temática "Probabilidade e Estatística", no Ensino Fundamental. Durante o encontro, propusemos a utilização da IA Copilot para criação de roteiros de vídeos educativos que abordassem essa temática. No entanto, embora essa tenha sido a proposta inicial, novas demandas surgiram no decorrer da oficina. Alguns participantes manifestaram o interesse na elaboração de planos de aula com uso da Inteligência Artificial Generativa.

Considerando que uma das entregas previstas no projeto de extensão era justamente a construção de uma proposta de ensino acompanhada de um relatório sobre seu desenvolvimento, é possível que essa tarefa tenha contribuído para redefinir o interesse do grupo. Diante desse novo cenário, optamos por adaptar a condução da oficina (mudar o *script* – Hardman, 2007), priorizando a orientação dos participantes na formulação de *prompts* alinhados aos seus interesses.

Essa mudança de direção pode ser compreendida à luz da Teoria da Atividade[16] (Engeström, 2001), como a manifestação de uma contradição: o propósito da oficina (a produção de roteiro de vídeos) foi confrontado por uma necessidade prática mais imediata dos professores (a elaboração de planos de aula), revelando uma tensão entre os objetivos da ação formativa e os motivos dos participantes.

A adaptação do percurso formativo, priorizando a criação de planos de aula com o Copilot, levou a reconfiguração do objeto da atividade, elemento central que orienta e dá sentido às ações dos participantes (Engeström, 1987). Ele não é fixo, mas está em constante transformação, sendo moldado pelos objetivos imediatos e, principalmente, pelos motivos que justificam a existência da atividade (Souto, 2013).

Essa flexibilidade metodológica permitiu atender às necessidades emergentes do grupo. À luz da Teoria da Atividade, compreende-se que os motivos são impulsionadores da busca por soluções e da produção coletiva do conhecimento. Desse modo, a adaptação na condução da oficina não apenas contemplou os interesses do grupo, como também favoreceu a continuidade do envolvimento dos participantes com a proposta.

Retomando a orientação para a elaboração de *prompts* voltados à criação de planos de aula com o uso do Copilot, é importante destacar

---

[16] A Teoria da Atividade será discutida com maior profundidade no capítulo IV.

que a efetividade das respostas geradas pela IA depende diretamente da qualidade do comando fornecido pelo usuário. Recomendamos que os *prompts* para interação com a IA Generativa sejam formulados de acordo com a estrutura apresentada no Quadro 2.

Quadro 2: Estrutura para formulação de *prompts*.

Elemento	Descrição
Criação da persona	Informe à IA qual perfil ela deve adotar ao responder. Isso irá ajudá-la a ajustar a linguagem, o nível de profundidade e o foco das sugestões. *Ex.: Atue como um professor de Matemática do Ensino Fundamental, com experiência no desenvolvimento de aulas interativas e alinhadas à Educação Matemática Crítica.*
Contextualização	Apresente o cenário em que a IA será aplicada, incluindo informações como tema da aula, etapa de ensino e público-alvo. *Ex.: Você está preparando uma aula sobre probabilidade e estatística para uma turma do 6º ano do Ensino Fundamental, composta por 25 alunos.*
Objetivo claro	Declare explicitamente o que você deseja obter da IA. Isso evita respostas genéricas e aumenta a utilidade prática da interação. *Ex.: Crie um plano de aula com base em metodologias ativas que envolva situações do cotidiano para introduzir o conceito de probabilidade.*
Detalhamento e restrições[17]	Inclua elementos adicionais que delimitem a resposta da IA: duração da aula, tecnologias disponíveis (quadro, papel, tablets), abordagem pedagógica preferida, entre outros. *Ex.: A aula deverá ter duração de 50 minutos, utilizar tecnologias diversificadas – como papel, lápis e tecnologias digitais – e contemplar sugestões de atividades práticas relacionadas à Educação Matemática Crítica. Ao final da aula, recomenda-se a aplicação de uma breve avaliação diagnóstica.*
Tom e formato da resposta	Especifique o estilo de linguagem (mais formal ou mais acessível) e o formato desejado para a resposta (lista, tópicos, texto corrido, tabela, etc.). *Ex.: Apresente a resposta em tópicos, com linguagem acessível para professores em formação.*

Fonte: Elaborado pelos autores.

---

[17] Neste tópico também é possível solicitar tarefas, problemas, exercícios e outras práticas relacionadas a especificidades do local onde a escola está situada, como cultura, culinária, geografia, história, etc.

Com base na estrutura apresentada no Quadro 2, é possível observar que a elaboração cuidadosa dos *prompts* orienta a IA Generativa a produzir respostas mais alinhadas ao contexto educacional. Especificamente quando é definida claramente a persona, o contexto, os objetivos, as restrições e o formato da resposta, o usuário amplia o potencial da IA. Dessa forma, a IA Generativa deixa de ser apenas uma geradora automática de conteúdo e passa a atuar como uma parceira inteligente. Assim, o coletivo constituído por professores-com-IAs-Generativas amplia as suas capacidades de planejar experiências de ensino mais contextualizadas e alinhadas às diretrizes curriculares.

Uma vez definidos todos esses elementos, o *prompt* estará pronto para ser utilizado com a IA. O Quadro 3 apresenta um exemplo de *prompt* completo, com base nas orientações anteriormente descritas.

Quadro 3: Exemplo de *prompt* para criação de um plano de aula.

> (i) Atue como um professor de Matemática do Ensino Fundamental, com experiência no desenvolvimento de aulas interativas e alinhadas à Educação Matemática Crítica. Você está preparando uma aula sobre probabilidade e estatística para uma turma do 6º ano do Ensino Fundamental, composta por 25 alunos. (ii) Crie um plano de aula com base em metodologias ativas que envolva situações do cotidiano para introduzir o conceito de probabilidade. (iii) A aula deverá ter duração de 50 minutos, utilizar recursos diversificados – como papel, lápis e jogos digitais interativos – e estar alinhada à Educação Matemática Crítica. Deverá incluir também sugestões de atividades práticas. (iv) Ao final da aula, recomenda-se a aplicação de uma breve avaliação diagnóstica. (v) Apresente a resposta em tópicos, com linguagem acessível para professores em formação.

Fonte: Elaborado pelos autores.

Com essa estrutura de texto de entrada (*prompt*), a IA Generativa é capaz de produzir respostas mais coerentes e alinhadas aos objetivos pedagógicos previamente definidos. Para exemplificar, esse *prompt* foi inserido no ambiente da IA Generativa Copilot, que gerou a resposta apresentada no Quadro 4.

Quadro 4: Plano de aula gerado por IA.

Plano de Aula: Introdução à Probabilidade e Estatística

Série: 6º ano do Ensino Fundamental

Duração: 50 minutos

Objetivo: Desenvolver o conceito de probabilidade e estatística por meio de situações cotidianas, utilizando metodologias ativas e recursos diversificados, promovendo reflexão crítica.

1. Introdução (10 minutos)

Objetivo: Apresentar o tema e envolver os alunos.

Atividade:

- Comece com uma conversa informal: "Vocês já participaram de um sorteio ou jogaram algum jogo de azar? O que acontece quando lançamos um dado ou giramos uma roleta?"
- Explique como esses exemplos do cotidiano nos ajudam a entender probabilidade.
- Relacione o conceito à estatística, introduzindo a ideia de registrar e analisar dados.

Recursos:

- Papel e lápis para anotações, slides interativos (se possível).
- Utilize um vídeo curto sobre o tema ou uma apresentação visual.

2. Atividades Práticas e Interativas (30 minutos)

2.1. Lançamento de Dados e Registro de Resultados (10 minutos)

Objetivo: Explorar o conceito de probabilidade na prática.

Atividade:

- Divida a turma em pequenos grupos (4-5 alunos por grupo).
- Cada grupo deve lançar um dado 30 vezes e registrar o número que saiu em cada lançamento.
- Após os lançamentos, os alunos compartilham os resultados em uma tabela.

Recursos: Dados, papel, lápis e tabelas digitais simples (ex.: planilha).

2.2. Jogos Digitais Interativos (10 minutos)

Objetivo: Explorar o conceito de probabilidade em um ambiente virtual.

Atividade:

- Utilize jogos digitais que simulam probabilidades (ex.: roletas virtuais ou aplicativos educativos).
- Os alunos devem interagir com o jogo e analisar os resultados obtidos.
- Pergunte: "O resultado foi parecido com o que observamos no lançamento de dados?"

Recursos: Tablets ou computadores com acesso ao jogo selecionado.

2.3. Reflexão Crítica: Probabilidade e Estatística no Cotidiano (10 minutos)

Objetivo: Promover o pensamento crítico e conectar o tema à realidade dos alunos.

Atividade:

- Discuta: "Onde usamos probabilidade e estatística no dia a dia?"
- Explore exemplos como previsão do tempo, pesquisas de opinião ou loterias.
- Estimule os alunos a trazerem outros exemplos.

Recursos: Lousa ou quadro digital, espaço para debate.

3. Avaliação Diagnóstica (10 minutos)

Objetivo: Identificar o entendimento dos alunos sobre os conceitos.

Atividade:

- Proponha um pequeno questionário com perguntas como:
- Qual é a probabilidade de sair o número 6 em um dado comum?
- Você pode dar um exemplo de como a estatística é usada no dia a dia?
- Combine questões práticas e reflexivas.

Recursos: Formulários impressos ou digitais.

4. Encerramento

Objetivo: Consolidar os aprendizados.

Atividade:

- Recapitule os principais conceitos abordados e sua aplicação no cotidiano.
- Convide os alunos a compartilhar suas experiências com as atividades.
- Esse plano busca unir matemática prática e reflexão crítica, alinhado à Educação Matemática Crítica. Ficou claro? Precisa de algo mais detalhado? ☺

Fonte: Gerado pelo Copilot, 29 abr. 2025.

Diante da primeira resposta gerada pela IA Generativa, recomendamos a realização de uma análise criteriosa do conteúdo produzido e sua precisão conceitual do objetivo de ensino, da pertinência didática e pedagógica e adequação ao contexto educacional, do alinhamento com a teoria de aprendizagem e da exequibilidade. Por exemplo, na proposta elabora pela IA, observa-se a ausência de uma previsão de tempo para o encerramento da aula. Ainda que a resposta inicial possa parecer satisfatória, é fundamental considerar o refinamento e a interação como etapas indispensáveis do processo. Caso necessário, o *prompt* original pode ser reformulado ou complementado com novas instruções, de modo a dialogar com a IA Generativa e, com isso, alcançar resultados mais alinhados às demandas específicas do planejamento pretendido.

A proposta apresentada pelo Copilot (Quadro 4) nos levou a sugerir a necessidade de elaboração de novos *prompts*. Uma das razões foi a sugestão dessa IA Generativa: "Comece com uma conversa informal: 'Vocês já participaram de um sorteio ou jogaram algum jogo de azar? O que acontece quando lançamos um dado ou giramos uma roleta?'". A forma acrítica como essas questões sugeridas foram apresentadas trazem implicações éticas, morais e questionamentos quanto ao comprometimento social.

"Jogos de apostas afetam famílias, mercado de trabalho e economia" é o título da reportagem de Fernandes e Correa (2025), que discute como a ampla disponibilidade de plataformas de jogos digitais com promessas de retorno financeiro imediato tem contribuído para a intensificação de comportamentos de risco, especialmente entre indivíduos que buscam transformações radicais em suas condições de vida.

Os autores apresentam relatos de pessoas que, motivadas pela expectativa de enriquecimento repentino, alienam bens patrimoniais como imóveis e automóveis, mobilizando recursos essenciais na tentativa de alcançar ganhos financeiros extraordinários. Esse comportamento, frequentemente associado à compulsividade, indica uma progressiva diminuição da percepção de risco.

O imaginário do "sucesso fácil" passa a obscurecer a capacidade crítica e a afetar diretamente a organização da vida familiar, social e profissional. Compromissos profissionais são negligenciados, laços familiares tornam-se frágeis e atividades corriqueiras são abandonadas em função de longas horas dedicadas exclusivamente ao jogo.

Embora a narrativa da ascensão financeira rápida continue sendo amplamente disseminada, dados empíricos e estudos sobre o tema revelam que os casos de empobrecimento, ruptura de vínculos sociais e perda de empregos são mais numerosos do que os de sucesso econômico (Fernandes; Correa, 2025). A promessa ilusória de lucro imediato tem, assim, servido como fator desencadeador de processos de vulnerabilidade social, exigindo análises críticas e políticas de prevenção que considerem tanto os aspectos psicológicos quanto os impactos socioeconômicos dessa prática.

Do coletivo que formamos com o Copilot, emergiu, primeiramente, a necessidade de uma discussão crítica sobre os jogos de azar. Observamos, também, que o Copilot afirmou que a proposta estava alinhada à Educação Matemática Crítica, conforme havíamos solicitado no texto de entrada (*prompt*) inicial. Uma nova mobilização poderia ocorrer na busca por leituras e discussões sobre Educação Matemática Crítica (Skovsmose; Borba, 2004). Com objetivo não só de reorganizar a proposta, mas também de fundamentar a discussão sobre os jogos de azar, apresentando, inclusive, cálculos das probabilidades de acertos nesses jogos. Cremos que assim é possível contribuir para a leitura atenta e reflexiva dessa realidade indo ao encontro das ideias da Educação Matemática Crítica (Skovsmose; Borba, 2004).

Na próxima seção, discutimos e apresentamos alguns elementos que consideramos básicos a serem observados em aulas de Matemática com IAs Generativas. Neles, está incluída a dimensão ética que é igualmente recomendada pela UNESCO (2023, 2024). Reafirmamos a necessidade de assegurar que a participação de Inteligências Artificiais Generativas seja criteriosa e em consonância com os fundamentos da honestidade intelectual. É desejável que coletivos de Estudantes-e-professores-com-IAs-Generativas não assumam uma postura passiva, ao contrário, recomendamos práticas investigativas e reflexivas que estimulem o diálogo crítico e problematizador que há muito tempo é defendido por Freire (2008).

Outros *prompts* interrogativos poderiam ser solicitados, como: Qual a definição da expressão "consolidar os aprendizados"? Em quais referenciais teóricos ela é fundamentada? Ou *prompts* com solicitações: refazer a proposta alinhando-a com os Objetivos de Desenvolvimento Sustentável (ODS) ou realizando articulações teóricas, como entre a noção de "gestos socioecológicos", de Coles, Solares-Rojas e Le Roux (2024), a Teoria da Atividade (Engeström, 1987) e o construto seres-humanos-com-mídias (Borba; Souto; Cunha; Domingues, 2023). Para cada *prompt* desses, a IA Generativa exibirá uma ideia que poderá ser aceita ou novamente reformulada.

Assim, esse coletivo híbrido dialoga e pensa junto em um processo dinâmico, fluído, crítico e recorrente, no qual sucessivos ajustes e reformulações podem ser realizados até que se alcance o resultado desejado. À luz do construto seres-humanos-com-mídias (Borba; Villarreal, 2005), esses movimentos sugerem que há reorganizações do pensamento.

Além de IAs Generativas mais conhecidas, como ChatGPT, Copilot, Gemini e DeepSeek, há também plataformas que empregam Inteligência Artificial com foco exclusivo em aplicações educacionais, como é o caso da Teachy, conforme ilustrado na Figura 13.

Figura 13: Página principal da plataforma Teachy.

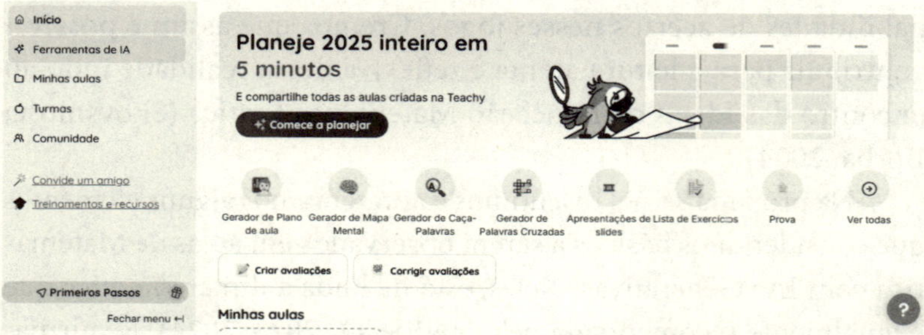

Fonte: https://www.teachy.com.br/. Acesso em: 20 jun. 2025.

Embora a plataforma Teachy seja voltada para a elaboração de planos de aula e outros recursos pedagógicos, é importante observar que sua versão gratuita apresenta limitações, o que pode restringir o acesso a determinadas funcionalidades e recursos avançados.

Plataformas especializadas, bem como IAs Generativas de uso geral, têm sido incorporadas a diferentes contextos formativos, mostrando o seu potencial para apoiar o trabalho docente. Um exemplo disso foi a utilização do ChatGPT para elaboração de planos de aula, no contexto de uma ação formativa realizada inteiramente online, conduzida pelos dois primeiros autores deste livro. Esta oficina teve a participação de mais de duzentos professores do Ensino Fundamental, atuantes em dezenove municípios da região oeste de Santa Catarina. Entre as IAs Generativas exploradas previamente pelos participantes, o ChatGPT destacou-se como a mais utilizada, conforme ilustrado na Figura 14.

Figura 14: IA exploradas previamente pelos participantes da ação formativa.

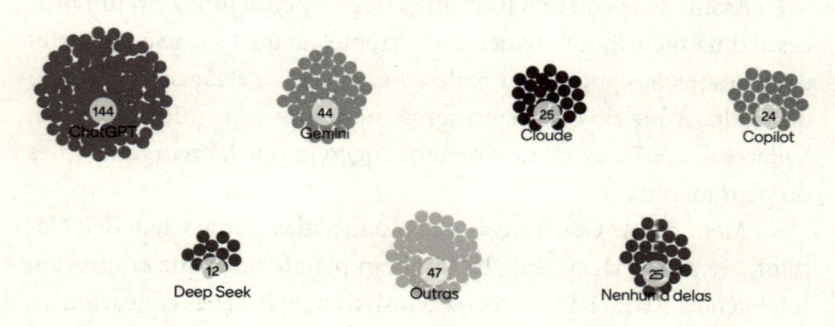

Fonte: Elaborado pelos autores.

O ChatGPT, destacado na Figura 14, foi a primeira IA Generativa disponibilizada para uso em larga escala pelo público. Trata-se de uma IA de uso geral, com desempenho satisfatório na execução de diversas tarefas, conforme discutido no início deste capítulo. Acredita-se que esses fatores contribuem para sua ampla aceitação e preferência entre os docentes. Ainda no contexto da oficina mencionada anteriormente, foram identificadas as principais ações que os participantes realizam com a participação de IAs Generativas, como ilustrado na Figura 15.

Figura 15: Principais ações dos docentes da Educação Básica realizadas com a participação de IA Generativa.

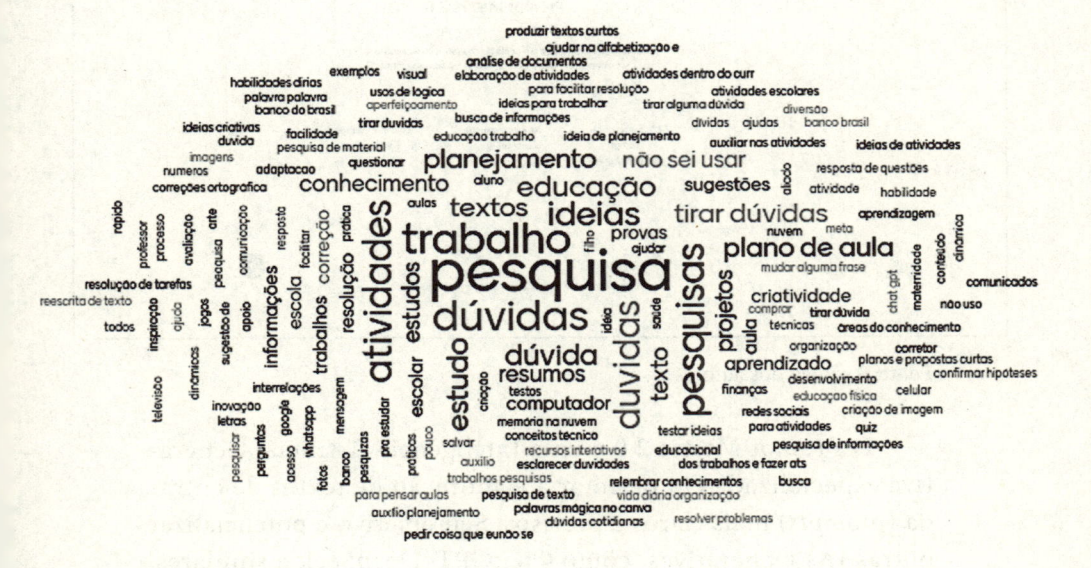

Fonte: Imagem gerada pelo Mentimeter, 31 mar. 2025.

Na nuvem de palavras ilustrada na Figura 15, observa-se que o termo "pesquisa" aparece em destaque. No entanto, é importante esclarecer que ele não se refere exclusivamente à pesquisa científica. Quando questionados, a maioria dos participantes indicou que se refere à consulta sobre determinados assuntos ou conceitos de um determinado objeto do conhecimento (ou conteúdo).

Na Figura 15, também é possível observar palavras como "dúvidas", "trabalho", "plano de aula", entre outras. Embora alguns já conhecessem essas possibilidades, no contexto da oficina optamos por aprofundar a exploração da criação de planos de aula, utilizando a estrutura de *prompts* discutida anteriormente. Além disso, trouxemos como participante a IA Generativa Prompt Mestre 2.0, conforme ilustrado na Figura 16.

Figura 16: Interface inicial do Prompt Mestre 2.0.

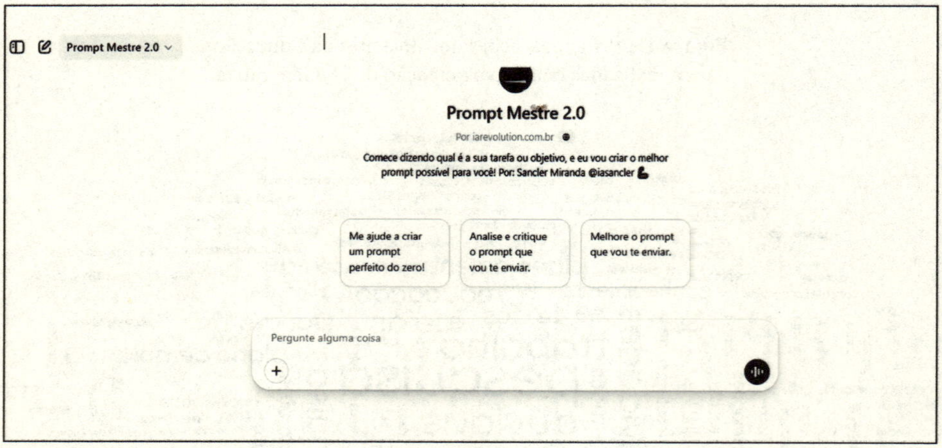

Fonte: Arquivo dos autores.

O Prompt Mestre 2.0 é uma Inteligência Artificial Generativa especializada em orientar a elaboração de textos de entrada (*prompts*) mais claros e precisos. Seu objetivo é potencializar outras IAs Generativas, como ChatGPT, DeepSeek e similares, tornando a geração de resultados mais alinhada às expectativas dos usuários. Quando o usuário insere um texto de entrada genérico e descontextualizado – por exemplo: "Crie um plano de aula para a disciplina de Matemática" –, o Prompt Mestre responde solicitando informações adicionais, como o ano escolar, o conteúdo específico, a duração da aula, entre outros elementos, como mostra o Quadro 5.

Quadro 5: Resposta do Prompt Mestre.

Show! Agora vou pensar passo a passo como um especialista em didática da matemática e planejamento pedagógico, com o objetivo de te ajudar a criar um plano de aula poderoso e alinhado com o melhor que a LLM pode entregar.

Para isso, preciso te fazer algumas perguntas estratégicas para garantir que o plano de aula atenda exatamente ao que você quer. Vamos lá:

1. Qual é o ano ou série dos alunos para os quais esse plano será feito? Qual é o conteúdo ou tema específico da matemática que você quer abordar nesta aula? (Ex.: frações, geometria, equações, estatística, etc.) Qual é a duração da aula? (Ex.: 50 minutos, 1 hora e meia, etc.)

2. Você quer que o plano de aula siga algum modelo específico? (Ex: com objetivos, conteúdo, metodologia, avaliação, etc.)

3. Vai ser uma aula presencial, online ou híbrida?

4. Você quer incluir alguma atividade prática ou lúdica? Se sim, tem alguma ideia ou quer sugestões?

5. Tem algum material obrigatório ou recurso didático que precisa ser utilizado? (Ex.: livro, vídeo, jogos, software, etc.)

Assim que você responder, já monto o Prompt Final pra você com base nos princípios da engenharia de *prompt* mais eficazes. Bora criar um plano de aula incrível.

Fonte: Gerado pelo Prompt Mestre 2.0, 29 abr. 2025.

O processo de refinamento proporcionado pelo Prompt Mestre 2.0 viabiliza a construção colaborativa de comandos mais robustos e contextualizados. Sua participação na formulação de *prompts* voltados à criação de planos de aula contribui para a obtenção de respostas mais precisas e alinhadas aos objetivos pedagógicos previamente estabelecidos.

Além da utilização do Prompt Mestre 2.0, no âmbito da ação formativa, os participantes também exploraram a funcionalidade "Explorar GPTs" disponível no ambiente do ChatGPT, conforme ilustrado na Figura 17.

Figura 17: Imagem representativa da função "Explorar GPTs".

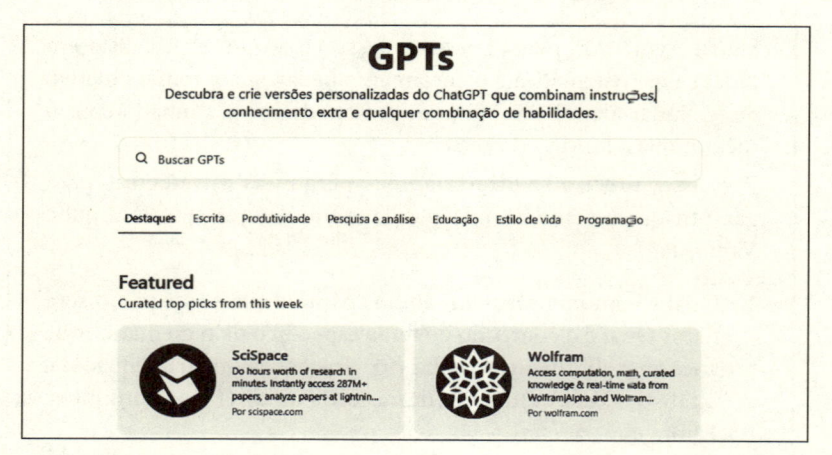

Fonte: Arquivo dos autores.

A interface do ChatGPT, conforme ilustrado na Figura 17, apresenta os GPTs organizados em categorias temáticas, tais como destaques, escrita, pesquisa e análise, educação, entre outras. Além dessa organização, a plataforma disponibiliza um campo de busca que permite localizar modelos personalizados por nome ou área de especialização. Por exemplo, ao inserir o termo "Matemática" no campo "Buscar GPTs", a interface retorna uma lista de modelos especializados nessa temática.

Essa possibilidade de filtragem de modelos (GPTs) é relevante em contextos educacionais, pois permite que docentes identifiquem e selecionem GPTs alinhados aos objetivos de ensino, ao perfil dos estudantes e às especificidades dos conteúdos (ou objetos do conhecimento) abordados. Ademais, esse processo fomenta o desenvolvimento de uma postura crítica frente ao uso das IAs, uma vez que exige do educador a análise da pertinência, da confiabilidade e do potencial pedagógico dos modelos disponíveis.

Para além do ambiente do ChatGPT, uma alternativa para encontrar soluções baseadas em Inteligência Artificial especializada consiste em realizar buscas na plataforma There's an AI for That[18] (em português, "Existe uma IA para isso"), conforme ilustrado na Figura 18.

---

[18] Disponível em: https://theresanaiforthat.com. Acesso em: 15 maio 2025.

Figura 18: Imagem da plataforma There's an AI for That.

Fonte: Arquivo dos autores.

No momento da escrita deste livro, a plataforma There's an AI for That contava com um repositório superior a 33 mil soluções baseadas em Inteligência Artificial. De modo semelhante ao ambiente do ChatGPT, essa plataforma permite a realização de buscas por meio de palavras-chave temáticas. Ao inserir um termo de interesse, o sistema exibe uma lista de IAs relacionadas, possibilitando, ainda, a aplicação de filtros que refinam os resultados por categorias como: agentes, modelos GPT, aplicativos para iOS, Android e extensões para o navegador Chrome. Adicionalmente, a plataforma oferece a opção de restringir a busca às soluções de uso gratuito, o que amplia sua acessibilidade e utilidade, especialmente em contextos educacionais.

As ações formativas voltadas aos professores, desenvolvidas no âmbito da extensão universitária, aliadas às atividades realizadas em sala de aula com estudantes, às pesquisas conduzidas por nós e membros do GPIMEM e GEPETD e ao aprofundamento teórico em documentos prescritivos, especialmente os publicados pela UNESCO (2023, 2024), possibilitaram a identificação de alguns elementos mínimos ou fundamentais que podem contribuir para os processos de ensino e aprendizagem de Matemática com Inteligência Artificial Generativa. Esses elementos são apresentados a seguir.

Recomendações para participação de
IAs Generativas nas aulas de Matemática

Um dos conceitos utilizados para a criação de uma IA Generativa é a probabilidade. Com isso uma mesma pergunta (*prompt* ou *input ou* texto de entrada) pode gerar diferentes respostas (*outputs*) que podem ser corretas, parcialmente corretas ou até mesmo incorretas. Assim, o processo de aprendizagem pode ser alicerçado na necessidade de se validar a confiabilidade de resultados ou a minimização de possíveis vieses em conteúdos gerados. Isso sugere que o *agency* de coletivos de seres-humanos-com-IAs-Generativas, que se influenciam mutuamente, são elementos potentes.

Garantir o uso seguro e responsável da IA Generativa na Educação Matemática é condição *sine qua non*. Por este motivo, questões éticas não devem ser desconsideradas. O estabelecimento de princípios e regras baseados em posicionamentos críticos construídos em diálogo fortalece o combate a *fake news* e plágios, o respeito aos direitos autorais, a integridade acadêmica e a proteção de dados.

No que diz respeito às práticas de ensino, recomendamos a integração de IAs Generativas com diferentes metodologias de ensino. É provável que esse movimento exija a reorganização das formas de avaliação e resulte em transformações da sala de aula estimuladas pelo aprimoramento da capacidade criativa dos coletivos professores-com-IAs-Generativas.

Como discutido anteriormente, a integração das Inteligências Artificiais Generativas pode contribuir para os processos de ensino e aprendizagem de matemática. Entretanto, é importante se atentar a eventuais prejuízos que esses coletivos estão sujeitos a enfrentar. Isso porque há riscos em relação à redução ou até mesmo extinção da autonomia, criticidade, ética e privacidade, podendo também estimular práticas de tarefas reproduzidas de forma automatizada e até mesmo gerar o aumento de desigualdades e de diferentes formas de discriminação, entre outros aspectos negativos. Assim, para mitigar possíveis riscos, sugerimos, com base em nossas pesquisas e práticas, e considerando também os documentos orientadores como o da UNESCO (2023, 2024), que a integração das IAs Generativas nas aulas de Matemática leve em consideração aspectos básicos, conforme ilustrado na Figura 19.

Figura 19: Aspectos básicos a serem considerados em aulas de Matemática com IAs Generativas.

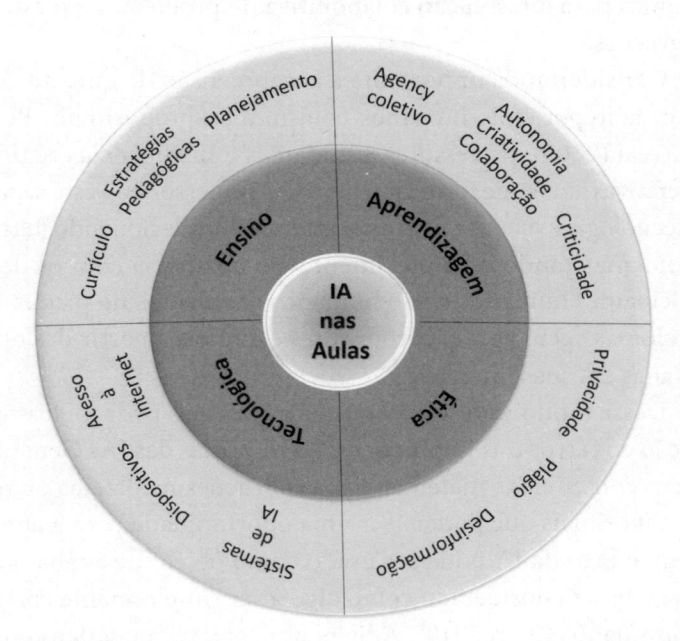

Fonte: Elaborado pelos autores.

Os elementos básicos ilustrados na Figura 19 estão organizados em quatro dimensões: Ensino, Aprendizagem, Ética e Tecnológica. Na dimensão Ensino, recomendamos que a participação das IAs Generativas nas aulas esteja alinhada aos objetivos educacionais do currículo escolar. Isso implica integrar essas tecnologias de maneira intencional e planejada, de modo que contribuam efetivamente para o processo de aprendizagem em diferentes níveis de ensino. Para tanto, consideramos pertinente a elaboração de planejamentos que não sejam encapsulados (Engeström, 2002; Cunha, 2018) e que contemplem diferentes tipos de estratégias pedagógicas que impulsionam, por exemplo, a proatividade, o pensamento crítico e ético, a autonomia em tomadas de decisões e o processo criativo.

Tecnologias baseadas em Inteligência Artificial Generativa, quando integradas às práticas educativas, compõem com estudantes e professores um coletivo que pensa junto (Borba; Souto; Cunha; Domingues, 2023). Com isso há ampliações às possibilidades educacionais para a resolução colaborativa de problemas e o estímulo a inovações.

Consideramos importante a compreensão de que, no coletivo formado por seres-humanos-com-mídias, proposto por Borba e Villarreal (2005), professores, estudantes e Inteligências Artificiais Generativas atuem de forma integrada. O professor não está separado das tecnologias, mas age com elas, intervindo, selecionando, filtrando e problematizando o conhecimento em coautoria com os demais participantes humanos e não humanos envolvidos no processo. As tecnologias agem com os professores e alunos, a partir das opções ofertadas em suas interfaces.

Desse modo, é desejável que as estratégias pedagógicas deem atenção aos erros e às imprecisões. As respostas das IAs Generativas podem conter erros matemáticos, explicações incorretas ou omissões conceituais que podem ser uma oportunidade para a aprendizagem: o erro da IA pode ser usado como objeto de análise crítica em vez de ser considerado como algo a ser simplesmente corrigido ou eliminado (Cury, 2019). Adicionalmente, recomendamos que o planejamento das aulas esteja em conformidade com as diretrizes curriculares vigentes.

Na dimensão Aprendizagem, uma indicação nossa é buscar possibilidades para as manifestações de *agency* em uma perspectiva coletiva, como um "processo distribuído" ou ubíquo (Cunha, 2023). Isso pode exigir, em alguns casos, uma ressignificação de ideias que separam humanos e Inteligências Artificiais Generativas. Isso porque há teorizações e conceitos que concebem a aprendizagem como uma construção exclusivamente humana e que consideram IAs Generativas como apenas ferramentas auxiliares no processo. A participação dessas IAs e de outras tecnologias na Educação Matemática sugere a necessidade latente de se repensar esses tipos de concepções que são "conservadoras ou mais céticas" (Borba; Souto; Canedo Jr., 2022). Há algum tempo defendemos que essa cisão não é adequada (Borba, 1993;1999; Borba; Souto; Cunha; Domingues, 2023); os exemplos que apresentamos anteriormente corroboram essa afirmação e reiteram que humanos e tecnologias atuam coletivamente como coautores que possuem, igualmente, *agency* na aprendizagem.

A constituição de coletivos híbridos, dinâmicos e inseparáveis pode aguçar a formulação de conjecturas, reorganizações do pensamento, reinterpretações de conceitos, buscas pelo desconhecido, entre outros impulsionamentos. Porém, essa abordagem também traz desafios e retrações. Um dos principais, como discutimos anteriormente, é garantir que nesses coletivos os estudantes desenvolvam uma postura crítica diante das respostas e sugestões geradas pelas IAs Generativas, compreendendo suas limitações e vieses. Cabe ressaltar, ainda, a importância de que os sistemas de IA sejam projetados para estimular o pensamento reflexivo e a criatividade.

A aprendizagem é um processo compartilhado, em que humanos e IAs Generativas se influenciam mutuamente. Os aspectos teóricos relacionados à dimensão Aprendizagem serão discutidos com mais profundidade no Capítulo IV.

A dimensão Ética enfatiza a importância de se garantir que a participação de IAs Generativas seja feita de maneira responsável e alinhada aos princípios da integridade acadêmica. Ademais, considerando o hibridismo dos atores epistêmicos no processo de aprendizagem, um dos desafios, já pontuados, é evitar que os estudantes assumam uma postura passiva diante das respostas geradas por sistemas de Inteligência Artificial Generativa, aceitando-as de forma acrítica e sem problematização. Verificar a veracidade das informações, interpretar os resultados matemáticos e compreender os limites das IAs Generativas são alguns procedimentos que devem ser realizados de forma natural.

A Educação Matemática Crítica pode contribuir para esse uso consciente, conforme defendido por autores como Skovsmose e Borba (2004), pois ela ultrapassa a mera transmissão de fórmulas e procedimentos e valoriza a formação de sujeitos capazes de interpretar, questionar e transformar a realidade com a matemática. Essa tendência promove uma postura reflexiva, dialógica, conscientizadora e emancipatória para investigar o conhecimento matemático em suas dimensões sociopolítica, histórica e cultural. Ela considera a matemática como um conjunto de práticas sociais que podem/devem ser questionadas, analisadas e reconstruídas continuamente.

Além disso, a participação dessas IAs Generativas deve estar em conformidade com os princípios de respeito aos direitos autorais, evitando o plágio e promovendo a produção de conhecimentos originais e fundamentados. O combate à desinformação também se torna um aspecto essencial, uma vez que as IAs Generativas podem gerar conteúdos imprecisos ou enviesados, exigindo análises e validações das informações fornecidas.

Outro aspecto ético fundamental é a responsabilidade social no uso das IAs Generativas, especialmente diante de seus efeitos em diferentes esferas, como a economia, a cultura e o meio ambiente. Dado o seu potencial disruptivo, a IA Generativa pode provocar transformações, positivas ou não, nessas áreas. Por isso, é recomendável que a participação delas esteja relacionada com objetivos que promovam o desenvolvimento sustentável nos âmbitos social, profissional e ambiental. A esse respeito a Educação Matemática Crítica e a perspectiva socioecológica são referenciais que convergem e potencializam essas discussões. De acordo com Coles, Solares-Rojas e Roux (2024), a Educação Matemática Crítica tem historicamente se comprometido com a promoção da justiça social, por meio da valorização da matemática como prática cultural, política e transformadora. Ela enfatiza a formação de sujeitos críticos capazes de questionar desigualdades e de intervir nos processos sociais em que estão inseridos.

Recentemente, há estudos que se inspiram e utilizam pressupostos da Educação Matemática Crítica sem cita-la explicitamente, mas, indicando uma possível ampliação de suas fronteiras, incorporando com maior intensidade a dimensão ecológica aos seus marcos teóricos e práticos (Baum; Caetano; Wagner; Kataoka, 2024). Isso implica considerar não apenas o que a crise ecológica representa para a humanidade, mas também como a matemática pode ser mobilizada em gestos educativos para transformar esse cenário (Coles; Solares-Rojas; Roux, 2024).

A articulação entre o social e o ecológico passa a ser compreendida não apenas como uma relação de interdependência, mas como um entrelaçamento profundo. Uma teia de relações socioecológicas em que os sujeitos, os saberes, as tecnologias e os ecossistemas estão inseparavelmente imbricados. Tal compreensão coloca a Educação Matemática Crítica em harmonia com uma perspectiva relacional e híbrida, em que a matemática também participa ativamente da constituição das condições de existência.

A discussão realizada por Borba (2021) remete à noção de gestos socioecológicos, ao destacar como a Educação Matemática Crítica pode ampliar seu escopo para incluir, de forma mais contundente, as questões ambientais, reconhecendo a urgência dos desafios ecológicos enfrentados globalmente.

Com isso reafirmamos que a Educação Matemática com IAs Generativas não deve se limitar à resolução mecânica de problemas, mas deve estimular compreensões críticas de conceitos e incentivar reflexões sobre as implicações sociais e ecológicas das tecnologias. Recomendamos, então, que, em coletivos de estudantes-com-IAs-Generativas, os atores humanos sejam incentivados a refletir sobre como os modelos de IA podem reproduzir vieses e desigualdades, além de reconhecer a importância da proteção de dados e da privacidade.

O respeito à privacidade dos usuários sugerimos ser um princípio norteador, garantindo que o uso de IAs Generativas na Educação Matemática esteja em conformidade com as normas de segurança digital e com a Lei de Proteção de Dados. Esses aspectos éticos são fundamentais para construir uma relação crítica e consciente com a IA na sala de aula de Matemática, promovendo uma aprendizagem responsável e alinhada com os valores acadêmicos, éticos, sociais e morais.

Na dimensão Tecnológica, busca-se avaliar condições mais técnicas necessárias para implementação das IAs Generativas nas aulas de Matemática e também para a promoção de uma compreensão de suas potencialidades e limitações nos espaços educativos. Isso envolve diversos critérios e recomendações, conforme apresentado no Quadro 6.

Quadro 6: Critérios tecnológicos para uso de IA Generativa em aula.

Critério	Recomendações
Acessibilidade e infraestrutura	Garantir a disponibilidade de dispositivos, sistemas de IA Generativa para todos os estudantes e, quando necessário, o acesso à internet.
Usabilidade	Priorizar IAs Generativas com interface simples, intuitivas e adequadas à faixa etária dos estudantes.
Compatibilidade	Assegurar que IA Generativa funcione corretamente nos dispositivos disponíveis (Windows, Android, iOS, web, etc.).
Segurança e privacidade	Verificar a conformidade com a Lei Geral de Proteção de Dados (LGPD), evitando a coleta de dados sensíveis sem consentimento.
Transparência do funcionamento	Avaliar se IA Generativa informa como gera suas respostas e se explicita suas limitações e incertezas.
Customização	Optar por soluções que permitam ao professor personalizar conteúdos, temas e níveis de complexidade.
Custo e licenciamento	Confirmar se a IA Generativa é gratuita, possui versão educacional ou apresenta custos acessíveis.
Atualizações e suporte	Verificar se a IA Generativa recebe atualizações regulares e conta com suporte técnico eficiente.

Fonte: Elaborado pelos autores.

Considerar os critérios apresentados no Quadro 6, como assegurar a disponibilidade de elementos básicos – acesso à internet estável, dispositivos compatíveis e sistemas de IA Generativa adequados às necessidades educacionais –, é importante por vários aspectos Sem esses recursos, a adoção da IA pode se tornar desigual, ampliando as disparidades na aprendizagem. Além disso, a escolha das soluções tecnológicas deve considerar critérios como acessibilidade, segurança e transparência, garantindo que todos possam usufruir das inovações educacionais de maneira equitativa e segura. A privacidade também deve ser uma prioridade, assegurando que os dados utilizados nessas plataformas estejam protegidos e em conformidade com as normas de segurança digital.

Conforme discutido neste capítulo, tecnologias digitais como as IAs Generativas coparticipam do conhecimento produzido em sala de aula. Essa afirmação sugere um alinhamento à visão epistemológica assumida pelo construto de seres-humanos-com-mídias (Borba; Villarreal, 2005). Apresentamos algumas possibilidades das diversas IAs disponíveis, como ChatGPT, Copilot, Gemini e Manus, destacando suas funcionalidades distintas e a rápida evolução de suas capacidades, exemplificada pelo refinamento na resolução de problemas matemáticos e na representação da linguagem matemática. Com exemplos práticos, ilustramos o potencial dessas IAs Generativas em atividades que vão desde a composição artística inspirada em conceitos matemáticos até a resolução e análise crítica de problemas, passando pela modelagem matemática no Ensino Superior, evidenciando a formação de novos coletivos de inteligência entre estudantes, professores e IA.

A participação das IAs Generativas na sala de aula, portanto, transcende a "mera" adoção mecânica das tecnologias, pois exige um processo de transformação e aprendizagem contínuo, que articula Educação Matemática Crítica e os gestos socioecológicos em coletivos de seres-humanos-com-mídias. A análise de erros, a exploração criativa e a colaboração com essas inteligências compõem estratégias pedagógicas promissoras para fomentar o pensamento crítico e a resolução de problemas. A discussão que desenvolvemos nesta subseção indica que todos esses aspectos básicos que propusemos para a organização de aulas de Matemática com a participação de Inteligências Artificiais Generativas não se apresentam de forma isolada ou dissociada entre si.

Autores como Engelbrecht, Oates e Borba (2025) argumentam que as Inteligências Artificiais Generativas, como ChatGPT, Copilot, entre outras, trazem oportunidades e desafios aos processos de ensino e de aprendizagem. Segundo esses autores, "embora apresentem possibilidades novas e empolgantes, a precisão matemática do conteúdo gerado pode ser questionável" (Engelbrecht; Oates; Borba, 2025, p. 8). Isso ressalta a importância de manter um olhar atento às transformações constantes nesse campo, avaliando criticamente tanto as potencialidades quanto as limitações dessas tecnologias, a fim de navegar conscientemente pelos desafios e pelas oportunidades que marcam o futuro da Educação Matemática. Essa exploração continuará no próximo capítulo, em que abordaremos especificamente a produção de vídeos com IA Generativa na Educação Matemática.

Capítulo III

Produção de vídeos com IA Generativa em Educação Matemática

Nos últimos dez anos, um movimento cresceu no Brasil: vídeos digitais de matemática e Educação Matemática. Festivais locais foram organizados em escolas ou conjuntos de escolas e festivais nacionais também foram promovidos, como o Festival de Vídeos Digitais e Educação Matemática, que ocorre há vários anos (Borba; Souto; Shumway; Silva; Domingues, 2025). Pesquisas sobre essa iniciativa têm sido desenvolvidas por diversos pesquisadores no país (Borba; Souto; Canedo Jr., 2022). Esse movimento tem se expandido para outros países da América Latina, como a Argentina; a abordagem utilizada nesse país é voltada para a formação inicial de professores (Esteley; Villarreal; Mina; Coirini, 2021; Coirini; Dipierri; Alonso; Villarreal, 2024).

As pesquisas desenvolvidas na Argentina sugerem que a participação de vídeos digitais em programas de desenvolvimento profissional docente contribui para conscientizar e sensibilizar os docentes sobre a importância de se prestar atenção às ideias dos estudantes e nas interações em aula, ou seja, para o aprimoramento da competência denominada "*noticing*" – que utiliza a observação como método de sensibilização para perceber possibilidades de ação e relatar *insights*. O objetivo é aprimorar o discurso para que se possa apurar acontecimentos vivenciados pelos próprios professores e observados por outros professores e pesquisadores (Mason, 2021).

Na formação inicial de professores no Chile, os vídeos foram produzidos na disciplina de Didática da Geometria. A metodologia foi baseada em projetos que teve cinco fases: início, planejamento, execução, monitoramento e encerramento, e culminou com a realização de um Festival de Vídeos de Geometria. Os vídeos foram avaliados considerando critérios como clareza matemática, criatividade, qualidade audiovisual e efeitos artísticos. Os resultados mostraram que os estudantes se envolveram com criatividade, explorando novas formas multimodais de expressão matemática, o que contribuiu para sua formação docente e abriu possibilidades para investigações futuras na área de Educação Matemática (Vargas, 2021). Ainda a respeito de vídeos digitais, Borba, Souto e Canedo Jr. (2022, p. 33) afirmam:

> [...] a produção de vídeos pode impactar a sociedade como um todo, uma vez que não só alunos e professores, mas também familiares, amigos e outros atores dos contextos sociais em que os vídeos participantes [do festival] são produzidos tomam parte nas diversas etapas do processo de produção (Domingues, 2020). Além disso, esses vídeos podem ser lançados em mídias sociais e repositórios online [...] .

Em síntese, os vídeos digitais têm o potencial de transformar o ensino, a aprendizagem, a formação docente e até as dinâmicas sociais. Seus papéis evoluem ao longo do tempo e podem ser analisados sob diferentes perspectivas. Quando examinamos o processo de produção de vídeos à luz da Teoria da Atividade, em articulação com os pressupostos do construto seres-humanos-com-mídias, é possível observar que, na fase inicial de constituição do sistema de atividade, a produção do vídeo pode se configurar como o objeto da atividade, ou seja, o propósito que orienta as ações dos sujeitos. À medida que o sistema se desenvolve, o vídeo pode assumir diferentes papéis: como artefato, carrega significados sociais, históricos, culturais e ambientais, e também influencia na transformação do objeto do sistema de atividade; como sujeito mobiliza reflexões, gera *insights*, fomenta conjecturas e reorganizações de pensamento; e, eventualmente, como comunidade, possibilita o compartilhamento de ideias, interesses comuns e mobilização social.

Ainda no que se refere à possibilidade de uma tecnologia, como a IA Generativa assumir o papel de sujeito em um sistema de atividade, é importante esclarecer que uma das formas pelas quais atores não humanos manifestam *agency* é por meio da delegação: eles realizam ações intencionais cujas intenções lhes foram atribuídas por outra entidade. Como explicam Kaptelinin e Nardi (2006, p. 248), trata-se de situações em que o agente "realiza intenções, mas essas intenções lhe são delegadas por alguém ou por outra coisa".

Com as possibilidades que a Inteligência Artificial Generativas oferece, os vídeos digitais continuam se transformando, gerando transformações e ampliando seus impactos. Essas ideias e a visão de conhecimento presente no construto seres-humanos-com-mídias, a qual defendemos, ecoam nas considerações de Coles, Solares-Rojas e Le Roux (2024) e Coles (2025), em que a educação matemática deve desenvolver "gestos socioecológicos", ou seja, práticas que respondem às mudanças sociais e ambientais contemporâneas. Dito de outra forma, reconhecer como matemática, sociedade e natureza estão interconectadas e adotar ontologias e epistemologias que reconheçam a interdependência entre humanos, não humanos e a matemática, propondo práticas pedagógicas mais reflexivas, coletivas e ecológicas. Para esses autores, a Educação Matemática não pode mais manter uma abordagem "como sempre" diante das crises ambientais e sociais. Em vez disso, eles propõem uma prática pedagógica dialógica, sensível às relações entre sujeitos, coisas, territórios e saberes, aberta à ação coletiva.

Além dessas questões, é desejável que análises críticas sejam mantidas, juntamente com a elaboração de mecanismos regulatórios, para assegurar questões éticas no seu desenvolvimento e uso. Silva, Matulovic e Manzione (2021) fazem críticas contundentes ao uso inconsciente, ingênuo e por vezes antiético de inteligência artificial na resolução de problemas complexos e sensíveis, como a governança dos recursos hídricos subterrâneos. Os autores argumentam que a aplicação de modelos preditivos, quando realizada sem validação rigorosa ou consciência das implicações sociais, ambientais e éticas, pode comprometer seriamente a tomada de decisões e a integridade científica. Há uma defesa contundente sobre a necessidade de o comportamento ético no uso de IA ser cultivado desde a formação universitária, promovendo uma atitude reflexiva e crítica frente às tecnologias emergentes.

Ética, criticidade, questões sociais e ambientais são algumas palavras-chave que causam, atualmente, preocupações no âmbito da Educação, em particular da Educação Matemática. No capítulo anterior, recomendamos um especial cuidado com elas nas aulas. Documentos orientadores como o da UNESCO (2023, 2024) reafirmam esses cuidados necessários. Aqui é possível identificar preocupações análogas destacadas em pesquisas com vídeos e IAs Generativas.

Também preocupados com questões éticas, Borba e Balbino Jr. (2023) recomendam um acompanhamento cuidadoso, uma vez que o potencial das IAs Generativas também pode ser utilizado para gerar *fake news*, cujos efeitos na sociedade podem estar ocultos, ser omitidos e/ou, muitas vezes, tratados de forma dissimulada. Esse é um tema que a Educação Matemática não deveria desconsiderar. Como ilustração, apresentamos, neste capítulo, o recorte de uma aula da disciplina de Tecnologias Digitais em Educação Matemática e Científica, desenvolvida na pós-graduação *stricto sensu*, que abordou esse tema.

Com essas recomendações não queremos inibir a participação de Inteligências Artificiais na produção de vídeos digitais voltados aos processos de ensino e aprendizagem de Matemática. Defendemos, apenas, que se busque uma postura autônoma, crítica e democrática, que, aliás, pode ser potencializada por esses vídeos. Pois, quando eles são produzidos com IA, seu *agency* pode alavancar movimentos fluídos e disruptivos que provocam mudanças na sala de aula de Matemática e, não raras vezes, propiciam o estabelecimento de relações entre tecnologias digitais, Educação Matemática, economia, sociedade, história, cultura e meio ambiente.

Historicamente se discute a falta de acesso a tecnologias digitais em regiões distantes dos grandes centros do país (Borba, 2021). Isso é um fato, contudo, não podemos omitir iniciativas que estão transformando esse cenário, e o próprio *agency* das IAs contribui para isso. Os trabalhos que desenvolvemos com professores pós-graduandos de uma universidade pública de Mato Grosso e com povos originários do interior do país são exemplos de como a inclusão digital pode ocorrer com práticas que respeitam os contextos socioculturais e potencializam ações emancipatórias com o uso de tecnologias que também são apresentadas neste capítulo.

Transformando ideias matemáticas em vídeos com IA Generativa

Para iniciarmos as reflexões a respeito das possibilidades que os vídeos produzidos com IAs Generativas podem oferecer aos processos de ensino e aprendizagem, é importante discutirmos os caminhos possíveis para transformar uma ideia matemática em vídeo. Oechsler, Fontes e Borba (2017) sugerem cinco etapas para a produção de um vídeo digital: apresentação dos tipos de vídeos; escolha do tema que será abordado; elaboração do roteiro; gravação; e edição dos vídeos. Com a participação de IAs Generativas, algumas dessas etapas se mantêm, outras se transformam, assim como a forma de realizar cada etapa muda. Com base nos estudos de Anschau (2023), Costa (2017), Oechsler, (2018), Cunha e Borba, (2025) e Souto e Cunha (2024), recomendamos que a produção seja realizada de forma coletiva, promovendo a interação, o diálogo e a colaboração entre os participantes, e destes com diferentes tecnologias, ao longo de todo o processo.

Essa abordagem favorece a escuta ativa, o respeito à diversidade de ideias e o fortalecimento do trabalho em equipe. Além disso, possibilita a produção conjunta de conhecimentos, resultando em um produto final que reflita a riqueza das experiências compartilhadas e as múltiplas vozes envolvidas. Trata-se, portanto, de uma produção audiovisual multimodal que nasce da interação e da colaboração, valorizando o processo tanto quanto o resultado.

Consideramos que a primeira etapa da produção de um vídeo como IAG é *despertar a motivação dos estudantes*. Após a pandemia da covid-19, a produção de vídeos se popularizou em todos os setores da sociedade (Borba; Souto; Canedo Jr, 2022; Cunha; Borba, 2025). Os estudantes têm fluência na produção de vídeos com conteúdo de cunho pessoal. O desafio do professor é, então, despertar o interesse pela produção de um vídeo que aborda conteúdo de matemática. Uma alternativa para isso é navegar na internet em sites, redes sociais, repositórios e canais no YouTube que têm esse tipo de vídeo.

A ideia é, aos poucos, transformar a imagem da matemática. Apresentá-la com humor, com traços teatrais, com leveza e sem ter a necessidade do formalismo que tanto assusta. Conforme destacamos anteriormente, o site do Festival de Vídeos Digitais e Educação Matemática[19] pode ser considerado um repositório. Ele possui um acervo de quase mil produções realizadas por estudantes, professores, comunidade em geral e povos originários com distintas tecnologias e IA.

A etapa seguinte é a *delimitação da ideia*, que envolve a escolha do tema e definição do conteúdo que será tratado no vídeo. Uma possibilidade é incentivar assuntos relacionados com os temas contemporâneos transversais – meio ambiente, economia, saúde, multiculturalismo, ciência e tecnologia, cidadania e civismo (Brasil, 2019). Outra alternativa interessante é articular a temática com os Objetivos de Desenvolvimento Sustentável, propostos pela Organização das Nações Unidas (ONU). Contudo, é importante que seja mantida a autonomia dos estudantes para a escolha de temas distintos destes, particularmente aqueles relacionados ao contexto cultural do coletivo de estudantes que irá produzir o vídeo.

Nessa etapa, a participação de uma Inteligência Artificial Generativa já pode ser considerada. Os estudantes podem, por exemplo, interagir com a IA para definir o tema a ser explorado (Figura 20).

Figura 20: Sugestões de temas a serem explorados feitas por IA.

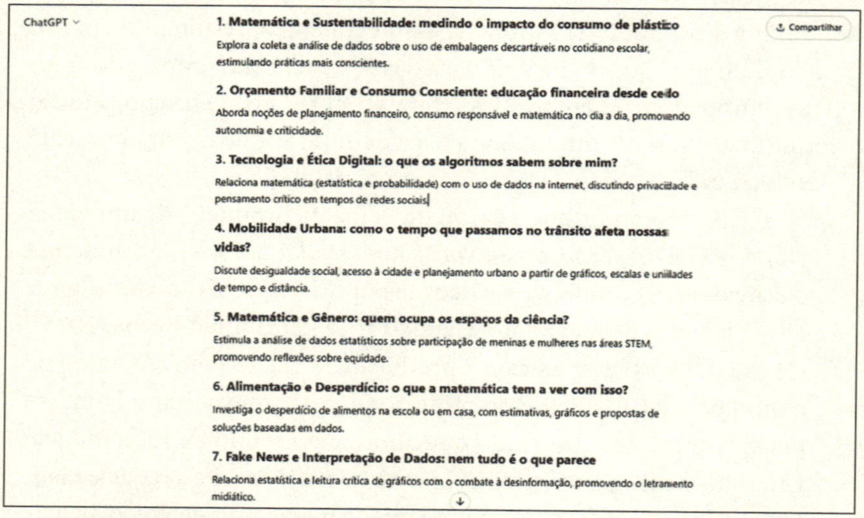

Fonte: Gerado pelo ChatGPT, 2 maio 2025.

---

[19] FESTIVAL VIDEOMAT. Festival de Vídeos Digitais e Educação Matemática. Disponível em: https://www.festivalvideomat.com/. Acesso em: 20 jun. 2025..

Conforme apresentado na Figura 20, o ChatGPT sugeriu sete temas, e cada um deles é acompanhado de uma breve descrição. A partir desses temas, os estudantes podem fazer novas perguntas e solicitações até que o grupo entre em consenso sobre uma temática que contemple o interesse de todos. Esse pode ser considerado um diálogo entre estudantes-com-ChatGPT, pois os estudantes perguntam e essa IAG responde, e, com base na resposta, novas perguntas poderão ser feitas. Esse movimento de perguntas e respostas também caracteriza o processo de reorganização do pensamento (Borba, 1999).

Na sequência os estudantes poderão manter o diálogo com o ChatGPT para a escolha do conteúdo de matemática que será discutido dentro da temática definida por eles. Como exemplo, escolhemos entre as opções da Figura 20 o tema "Mobilidade Urbana: como o tempo que passamos no trânsito afeta nossas vidas?" e solicitamos sugestões de conteúdos matemáticos para serem explorados no vídeo (ver Figura 21).

Figura 21: Sugestões de conteúdos matemáticos feitas por IA.

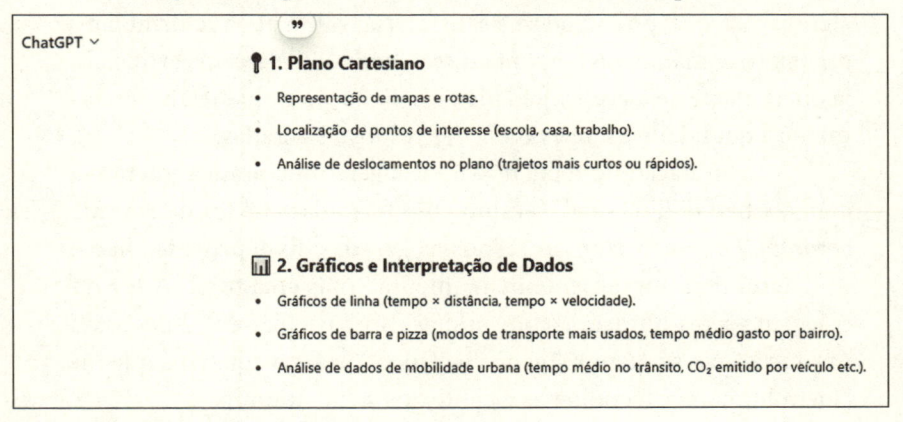

Fonte: Gerado pelo ChatGPT, 2 maio 2025.

Como resposta, o ChatGPT sugeriu seis tópicos matemáticos relacionados ao tema: 1. Representação de mapas e rotas; 2. Gráficos e interpretação de dados; 3. Funções; 4. Unidades de medida e conversões; 5. Porcentagem e razões; 6. Geometria e escala. Para cada um deles, a inteligência artificial também indicou subtópicos e, ao final, incentivou a continuidade da interação, apresentando sugestões de abordagem para o vídeo, conforme apresentado no Quadro 7.

Quadro 7: Sugestões de abordagem para o vídeo feitas por IA.

> *Sugestão de abordagem para o vídeo:*
>
> • *Apresentar um problema real (ex.: "Lucas demora 1h30 no trânsito todos os dias. Quanto tempo ele perde por mês/ano?").*
>
> • *Usar gráficos reais (ou simulados) de mobilidade.*
>
> • *Mostrar rotas no plano cartesiano ou em mapas com escala.*
>
> • *Propor alternativas e analisar matematicamente seus impactos.*
>
> *Quer ajuda para roteirizar esse vídeo ou montar um esboço de apresentação?*

Fonte: Gerado pelo ChatGPT, 2 maio 2025.

Como podemos observar, no Quadro 7, o ChatGPT sugeriu algumas abordagens para o vídeo. Neste ponto, é importante estar atento: caso a resposta não seja satisfatória, vale a pena reformular o *prompt* (o comando ou pergunta direcionada à inteligência artificial), já que a clareza e a especificidade da solicitação influenciam diretamente a qualidade e a relevância das respostas geradas.

A delimitação do tema do vídeo sugere uma prática interativa com o ChatGPT, na qual os estudantes formulam textos de entrada (*prompts*) e interpretam as respostas geradas. Esse processo não é unilateral nem meramente instrumental, mas coautoral. À luz do construto seres-humanos-com-mídias (Borba; Villarreal, 2005), essa produção não se dá por sujeitos isolados, mas em coletivos que incluem humanos, tecnologias e contextos socioculturais.

A necessidade de reformular o texto de entrada diante de uma resposta insatisfatória é indicativo de que a qualidade da interação depende da articulação entre o humano e a IA Gen. Há negociações contínuas de significados em distintos coletivos, em que professor e/ou estudantes não apenas "usam" a IA, mas atuam com ela, em um movimento que configura aquilo que Borba, Souto, Cunha e Domingues (2023) denominam produção de conhecimento em rede de sistemas de atividade.

Uma prática educativa que envolve a produção de vídeos com Inteligência Artificial Generativa deve considerar que essa tecnologia não é boa, nem má, e muito menos neutra, como já afirmava Lévy (1993), mas parte ativa no processo de produção do conhecimento. Por outro lado, como parte desse coletivo, exige-se dos seres humanos, minimamente, habilidades como leitura crítica, postura ética, responsabilidade ambiental, respeito à diversidade, análise de conjecturas, formulações estratégicas e tomadas de decisão.

Após a escolha do conteúdo, é desejável que os estudantes pesquisem sobre seus conceitos, definições, aplicações dentro do tema escolhido, problemas, tarefas e exercícios. Mais uma vez a IA Generativa pode participar! Em relação ao ChatGPT, Li e Zaki (2024) afirmam que esse "gerador de conversas" ainda precisa ter atualizações em relação à matemática. Mas, até certo ponto, esses autores consideram as respostas do ChatGPT[20] como positivamente surpreendentes. Esses apontamentos sugerem que as respostas que essa IA Generativa fornece em relação aos conteúdos de matemática ainda devem ser discutidas e seus erros analisados (Cury, 2019) de forma coletiva com a participação do professor e de todos os estudantes envolvidos, mesmo que algumas atualizações já tenham sido feitas como discutimos anteriormente. Esse pode ser o momento do início do processo de aprendizagem de um dado objeto do conhecimento (ou conteúdo), do conceito ou da ideia matemática. Ter essa clareza pode gerar *insights* macros para o modo como o vídeo poderá ser organizado. O refinamento acontece no momento seguinte que corresponde à construção do roteiro.

A *elaboração do roteiro* constitui a terceira etapa do processo da produção de vídeos. Considerando que "o roteiro é a alma de uma obra audiovisual" (Pereira; Garcia, 2018, p. 65), e que o vídeo tem o papel de contar uma história, esse é o momento de colocar a criatividade em prática.

A estrutura do roteiro não implica a adoção de um modelo rígido ou padronizado; contudo, é recomendável que ele apresente uma organização mínima que contemple início, meio e fim. Com base em nossa prática, temos adotado uma estrutura que inclui alguns elementos

---

[20] ChatGPT versão 3.5.

básicos, tais como: identificação do público-alvo, definição do objetivo do vídeo, descrição do local onde a história se desenrola, breve caracterização do cenário, nomes dos personagens, características físicas e descrição de suas ações, incluindo falas, gestos e interações. Esses componentes contribuem para a clareza narrativa e favorecem a coerência da proposta audiovisual.

Cabe ressaltar que, na elaboração de um roteiro com IA Generativa, informações como o tema e o conteúdo matemático previamente definidos nas etapas anteriores podem não ser suficientes para a formulação de um *prompt* capaz de gerar, de forma autônoma, um roteiro completo. Isso nos remete à ideia central do construto seres-humanos-com-mídias: não há produção de conhecimento sem a participação de uma dada tecnologia (Borba, 1993; 1999). Entendemos que a Inteligência Artificial integra um coletivo que exige a atuação crítica, criativa e contextualizada dos seres humanos, de modo que, em colaboração, possam romper com a encapsulação (Engeström, 2002; Cunha, 2018) da aprendizagem matemática.

A expectativa de uma produção "totalmente automatizada" não se alinha aos objetivos formativos que defendemos. Isso está em consonância com a perspectiva de seres-humanos-com-IAs-Generativas, que entende que as IAs, por mais sofisticadas que sejam, não substituem o papel dos humanos na negociação de significados, na tomada de decisões, na elaboração de estratégias e no desenvolvimento de práticas. Em vez disso, a IA é integrada como parceira no processo de criação, ampliando as possibilidades expressivas e cognitivas do coletivo que ensina e aprende.

Skovsmose (2005) tece considerações a respeito da dimensão sociopolítica presente no construto seres-humanos-com-mídias. O autor destaca que esse referencial defende que a cognição não é um processo individual, mas sim social e inclui tecnologias. Elas podem ser distribuídas de maneiras bastante distintas, a depender dos contextos de aprendizagem. Os estudos do início do século XXI já indicavam que o acesso a computadores, por exemplo, era um privilégio restrito a uma parcela reduzida da população estudantil em diferentes partes do mundo.

O discurso dominante sobre a relação entre Educação Matemática e tecnologias digitais, em grande medida, negligenciava e ainda negligencia essa desigualdade estrutural. Ole Skovsmose no livro de Borba e Villarreal (2005) já alertava para os riscos discutidos na obra de se tratar as tecnologias de forma descontextualizada, ignorando as condições de acesso e as implicações sociopolíticas que delas decorrem. As ideias e concepções do construto seres-humanos-com-mídias propostas pelos autores contribuem para evidenciar a necessidade de problematizar tais assimetrias. As reflexões desses autores sugerem que Educação Matemática pode desempenhar funções sociopolíticas contrastantes: por um lado, pode funcionar como instrumento de acesso a oportunidades e à mobilidade social; por outro, pode operar como mecanismo de exclusão, reforçando desigualdades já existentes.

Essas tensões, que continuam atuais, recolocam em pauta a urgência de refletir sobre o papel da Educação Matemática na promoção da cidadania, da justiça social e da igualdade de oportunidades em sociedades marcadas por profundas desigualdades de acesso às IAs Generativas.

Na atualidade, a autonomia – ou automatização – da máquina, do equipamento, do recurso ou da IA Generativa não é relevante para a continuidade dessas preocupações sociopolíticas, mas sua coautoria com humanos em um contexto no qual a matemática é mobilizada e ancorada como linguagem, prática e expressão que promove a equidade, o respeito à diversidade e o fortalecimento de práticas educativas democráticas, em que diferentes vozes, experiências e repertórios culturais possam ser reconhecidos e integrados ao processo de aprendizagem.

A seguir, apresentamos o processo de criação de um roteiro com o ChatGPT que teve como base o seguinte texto de entrada:

Quadro 8: Texto de entrada para criação de um roteiro.

Assuma o papel de roteirista educacional e elabore o roteiro de um vídeo didático com duração máxima de 3 minutos, voltado para alunos do 7º ano do Ensino Fundamental. O vídeo deve explorar o tema transversal "Mobilidade Urbana: como o tempo que passamos no trânsito afeta nossas vidas?", integrando o conteúdo matemático do plano cartesiano. O roteiro deve apresentar uma linguagem acessível, exemplos contextualizados e elementos visuais sugeridos, de modo a contribuir com a compreensão conceitual e a aplicação prática do plano cartesiano no cotidiano dos estudantes.

Fonte: Elaborado pelos autores.

A seguir, apresentamos, no Quadro 9, a resposta gerada pela IA Generativa a partir do *prompt* proposto.

Quadro 9: Roteiro de vídeo didático gerado por IA.

Claro! Abaixo está um roteiro didático completo, dentro do tempo proposto e com linguagem acessível, pensado para alunos do 7º ano:

🎬 Roteiro de Vídeo Didático — Duração: até 3 minutos

Tema: *Mobilidade Urbana: como o tempo que passamos no trânsito afeta nossas vidas?*

Conteúdo Matemático: *Plano Cartesiano*

Público-alvo: 7º ano do Ensino Fundamental

✏️ [0:00 – 0:20] Abertura e Introdução ao Tema

Narrador (com animação de carros parados e pessoas andando):

"Você já parou pra pensar quanto tempo passamos no trânsito todos os dias? Caminho até a escola, ida ao mercado, volta pra casa... Tudo isso faz parte da nossa mobilidade urbana!"

Visual sugerido:

Animação simples mostrando uma cidade, carros em trânsito, um relógio marcando o tempo e alunos se deslocando para a escola.

✏️ [0:20 – 0:50] Conexão com a Matemática

Narrador:

"E como a Matemática pode nos ajudar a entender isso? Com o plano cartesiano, podemos representar graficamente os deslocamentos que fazemos e analisar o tempo que gastamos em cada trajeto."

Visual sugerido:

Mostra-se um plano cartesiano com eixos X (tempo) e Y (distância). Pontos aparecem representando diferentes momentos de um trajeto.

✏ [0:50 – 1:40] Exemplo Prático: O Trajeto de Ana

Narrador:

"Vamos acompanhar a Ana. Ela mora a 4 km da escola. Em um dia sem trânsito, ela leva 20 minutos para chegar. Em outro dia, com engarrafamento, leva 40 minutos. Como isso aparece no plano cartesiano?"

Visual sugerido:

Traçar dois pontos:

- Dia 1: (20, 4)
- Dia 2: (40, 4)
- Linha horizontal mostra que a distância é a mesma, mas o tempo aumentou.

Narrador:

"Com esses dados, conseguimos comparar os dois trajetos visualmente, entender a diferença no tempo e pensar em alternativas!"

✏ [1:40 – 2:30] Interpretação e Reflexão

Narrador:

"Se mais pessoas usarem bicicleta ou transporte público, será que o tempo no trânsito diminuiria? Podemos simular isso com novos pontos no plano cartesiano!"

Visual sugerido:

Mais pontos aparecem, representando trajetos com bicicleta (15 minutos), transporte público (30 minutos), caminhada (50 minutos). Comparação visual entre os modos de transporte.

✏ [2:30 – 3:00] Encerramento e Convite à Ação

Narrador:

"Com o plano cartesiano, podemos transformar informações do nosso dia a dia em dados visuais que nos ajudam a pensar soluções para a cidade. E você, como se desloca? Que tal montar seu próprio gráfico?"

Visual sugerido:

Tela dividida com exemplos de trajetos de alunos e espaço para desenhar seu próprio plano cartesiano.

✓ Objetivos atingidos:

- Conecta mobilidade urbana ao cotidiano dos alunos.
- Apresenta o plano cartesiano de forma aplicada e visual.
- Estimula a interpretação de dados e o pensamento crítico.

Se quiser, posso adaptar esse roteiro para um formato de apresentação com slides ou roteiro técnico para gravação. Deseja isso?

Fonte: Gerado pelo ChatGPT, 2 maio 2025.

O roteiro inicial, apresentado no Quadro 9, produzido com a IA Generativa não deve ser considerado como pronto e acabado ou como um elemento inibidor da criatividade e da criticidade. Ao contrário, trata-se de uma possibilidade inicial que pode ser discutida e incorporada de forma crítica e criativa ao processo de produção do vídeo. Vejamos, por exemplo, que o Chat GPT afirmou que a proposta do roteiro "Estimula a interpretação de dados e o pensamento crítico". Será? Cremos que a escolha do tema mobilidade urbana está alinhada com os princípios da Educação Matemática Crítica, por tratar de uma questão do cotidiano que afeta diretamente a vida dos estudantes e suas comunidades. No entanto, a proposta do roteiro não explicita em que momento ou como pode ser criado, por exemplo, um espaço para a reflexão crítica sobre as condições urbanas, o acesso desigual à infraestrutura e o impacto social do trânsito em diferentes realidades.

A comparação entre diferentes meios de transporte com base em tempo e distância também pode ser frutífera para a análise visual de dados e o estímulo para se pensar sobre alternativas de mobilidade sustentáveis, da pegada de carbono corresponde à "leitura do mundo" e dos gestos socioecológicos com a matemática, mesmo que não estejam explicitamente apresentados no roteiro.

Em outras palavras, o roteiro gerado pela IA Generativa provocou *agency* que nos mobilizou a propor a inclusão de debates, reflexões e questionamentos. Isso mostra que, mesmo bem estruturados, os roteiros produzidos por uma IA Generativa apresentam limitações e não dispensam a necessidade de promover reflexões críticas e éticas. É preciso que o coletivo de seres-humanos-com-IAs-Generativas atue de forma intencional e colaborativa, identificando e preenchendo as possíveis "lacunas" do roteiro com problematizações do mundo vivido. Com isso reafirmamos, mais uma vez, que a produção do conhecimento é coletiva e híbrida.

Para fomentar o processo criativo desse tipo de produção, é fundamental que todos os integrantes do grupo participem ativamente da construção da narrativa. A fim de torná-la mais atrativa e envolvente, recomenda-se a realização de uma sessão de *brainstorming* (tempestade de ideias). Com base no tema e conteúdo matemático previamente definidos, os estudantes podem sugerir ideias diversas, como relatos de experiências pessoais, comentários sobre questões atuais que impactam a sociedade, a exemplo da inflação ou de fenômenos ambientais, bem como situações cotidianas com toques de humor. A incorporação desses elementos contribui para estabelecer uma conexão mais próxima com o público-alvo, tornando a narrativa matemática mais acessível.

Com o roteiro finalizado, a etapa seguinte é a *transformação da ideia matemática em vídeo*. Trata-se de uma fase aberta, cujos desdobramentos variam de acordo com as tecnologias disponíveis e o tipo de vídeo que se pretende produzir, seja por meio de gravações com câmera, animações, capturas de tela ou outras linguagens audiovisuais.

Nessa etapa final, há diversas possibilidades de aplicação da IA Generativa, dependendo da natureza da tarefa em questão. IAs como ChatGPT, DALL-E, Copilot, entre outras, podem ser utilizadas na ilustração de cenários, na criação de personagens e no desenvolvimento de elementos visuais que compõem o vídeo. Como exemplo, elaboramos o texto de entrada (Quadro 10) para solicitar à IA DALL-E a geração de uma imagem que ilustra a primeira cena do vídeo, conforme descrita no roteiro em análise.

Quadro 10: Texto de entrada para gerar a ilustração da primeira cena do vídeo.

> *Gere uma imagem com base no cenário descrito a seguir: Narrador (com animação de carros parados e pessoas andando):*
>
> *"Você já parou pra pensar quanto tempo passamos no trânsito todos os dias? Caminho até a escola, ida ao mercado, volta pra casa... Tudo isso faz parte da nossa mobilidade urbana!"*
>
> *Visual sugerido:*
>
> *Animação simples mostrando uma cidade, carros em trânsito, um relógio marcando o tempo e alunos se deslocando para a escola.*

Fonte: Elaborado pelos autores.

Com base nesse texto de entrada, a IA generativa DALL-E gerou a imagem apresentada na Figura 22. Essa ilustração traduz visualmente os elementos solicitados, destacando o ambiente urbano, o trânsito cotidiano e o deslocamento de pessoas e estudantes, além da marcação do tempo, elementos que reforçam a reflexão inicial do vídeo sobre mobilidade urbana.

Figura 22: Ilustração da primeira cena do vídeo gerada por IA.

Fonte: Imagem gerada pelo DALL-E, 2 maio 2025.

O procedimento exemplificado anteriormente pode ser replicado para ilustrar cada uma das cenas do vídeo a ser produzido. As ilustrações desempenham um papel fundamental ao tornar a comunicação matemática em vídeo mais interessante.

Além de gerar imagens que ilustram as cenas, as Inteligências Artificiais Generativas também podem criar representações visuais dos personagens. O Quadro 11 apresenta um exemplo de texto de entrada (*prompt*) com essa finalidade, juntamente com a imagem correspondente gerada pela IA Generativa DALL-E.

Quadro 11: *Prompt* e ilustração de personagem feita por IA.

*Desenhe a personagem Ana, uma estudante do Ensino Fundamental de aproximadamente 14 anos. Ela tem **pele morena**, cabelos cacheados na altura dos ombros e usa óculos de armação discreta. Ana está vestida com um uniforme escolar tradicional: uma camiseta branca com detalhes em azul e uma calça jeans. Sua expressão facial transmite cansaço, como se tivesse caminhado por um longo trajeto. Inclua uma postura levemente curvada e um semblante ofegante ou suado para reforçar a sensação de exaustão física.*

Fonte: Imagem gerada pelo DALL-E, 8 maio 2025.

Cabe aqui um breve desvio para discutir a imagem gerada pelo DALL-E. O texto de entrada indicava uma personagem com pele morena, e é possível perceber que essa informação foi interpretada pela IA.[21] No entanto, a representação visual gerada apresenta traços

---

e tonalidade de pele que não correspondem aos padrões brasileiros usualmente associados à pele morena ou, em outro cenário, a IA simplesmente ignorou a descrição, resultando em uma personagem de pele branca.

Essa forma de invisibilizarão racial, reproduzida pela Inteligência Artificial Generativa, configura, segundo Silva (2020; 2022), um caso de racismo algorítmico. O autor esclarece que "a inteligência artificial, em especial o aprendizado de máquina baseado em dados, pode alimentar sistemas algorítmicos que reproduzem o preconceito e executam a discriminação" (Silva, 2022, [n.p.]).

Esse episódio sugere que as Inteligências Artificiais Generativas são treinadas com bancos de dados enviesados e reproduzem estruturas de poder que continuam a invisibilizar corpos negros, inclusive no contexto educacional. Silva (2020) defende que essas "microagressões" não podem ser ignoradas ou naturalizadas. Em consonância com esse entendimento, defendemos que, diante da crescente presença das IAs Generativas nos espaços escolares, a Educação Matemática Crítica (Skovsmose; Borba, 2004) se torna ainda mais relevante. Ela permite problematizar como essas IAs podem reproduzir formas sutis (e nem tão sutis) de opressão, ao mesmo tempo em que fomenta debates capazes de desafiar a lógica excludente dos sistemas algorítmicos.

Retomando o percurso proposto e dando continuidade ao processo de criação da personagem, realizamos uma nova solicitação à IA, com o objetivo de obter a imagem de uma personagem com tonalidade de pele mais escura. Para isso, utilizamos o mesmo texto de entrada mencionado anteriormente, alterando apenas a expressão "pele morena" para "pele preta".

Como se pode observar no Quadro 12, desta vez o objetivo foi alcançado: a imagem gerada apresenta uma personagem com características visuais coerentes com a descrição fornecida, especialmente no que diz respeito à tonalidade da pele. Com a representação visual da personagem definida, avançamos para a próxima etapa do processo.

Quadro 12: *Prompt* e ilustração de personagem feita por IA – 2ª tentativa.

*Desenhe a personagem Ana, uma estudante do Ensino Fundamental de aproximadamente 14 anos. Ela tem **pele preta**, cabelos cacheados na altura dos ombros e usa óculos de armação discreta. Ana está vestida com um uniforme escolar tradicional: uma camiseta branca com detalhes em azul e uma calça jeans. Sua expressão facial transmite cansaço, como se tivesse caminhado por um longo trajeto. Inclua uma postura levemente curvada e um semblante ofegante ou suado para reforçar a sensação de exaustão física.*

Fonte: Imagem gerada pelo DALL-E, 8 maio 2025.

Conforme discutido anteriormente, as etapas do processo de produção de vídeos variam de acordo com o tipo de produto audiovisual. No exemplo que estamos apresentando, uma animação, o próximo passo consiste em *dar voz e movimento aos personagens*. Nesse estágio, as IAs Generativas continuam a desempenhar um papel importante no processo. Plataformas de edição de vídeo, como Clipchamp e CapCut, que já integram recursos de IA, podem ser utilizadas para converter texto em fala, entre outras funcionalidades. Há também IAs que permitem inclusão de avatares falantes, como o Vidnoz, e soluções capazes de gerar vídeos quase de forma autônoma a partir de um roteiro, como é o caso do Mootion.

Quando adotamos a produção de vídeos como estratégia pedagógica, incentivamos os estudantes a explorar diferentes Inteligências Artificiais Generativas para transformar ideias matemáticas em vídeos. Um exemplo dessa prática ocorreu com estudantes de um Programa de Pós-Graduação da Universidade do Estado de Mato Grosso, no contexto da disciplina Tecnologias Digitais no Ensino de Ciências e Matemática, ministrada no primeiro semestre de 2024.

Durante essa prática pedagógica, os estudantes foram organizados em duplas, e cada uma produziu um vídeo com base em uma temática de seu interesse. Uma das duplas era composta por duas professoras, sendo que uma delas também atua na área de educação para o trânsito. Segundo as próprias participantes, suas experiências profissionais foram determinantes na escolha do tema abordado. Além disso, o fato de uma delas residir em Tangará da Serra (MT), uma cidade planejada, influenciou na decisão de retratar a realidade local no vídeo. A dupla em análise criou o vídeo intitulado "O plano cartesiano e o delivery" (Figura 23).

Figura 23: Cenas do vídeo "O plano cartesiano e o delivery".

Fonte: Arquivo dos autores.
Disponível em: https://tinyurl.com/2whj8rfh. Acesso em: 21 jun. 2025.

O vídeo, apresentado estaticamente na Figura 23, tem como base o plano cartesiano, um conceito fundamental da geometria analítica, para explicar a organização urbana e orientar a entrega de uma pizza. A narrativa introduz corretamente os eixos cartesianos: eixo das abscissas (X); das ordenadas (Y); e o ponto de origem (0,0), localizado na rotatória central da cidade, como referência espacial. A explicação sobre pares ordenados (x, y) é aplicada de maneira prática: ao indicar o deslocamento de três quadras no sentido positivo do eixo X e duas no sentido positivo do eixo Y, o vídeo exemplifica como localizar um ponto no plano com coordenadas (3, 2).

A menção aos setores da cidade como "quadrantes" é uma analogia interessante, embora conceitualmente imprecisa, já que os quadrantes matemáticos seguem uma convenção específica com numeração de I a IV e sinais diferentes em cada um. Ainda assim, a abordagem mostra uma tentativa válida de relacionar o conhecimento matemático com a vivência local dos estudantes, promovendo uma visão aplicada e interdisciplinar da matemática na organização e leitura de espaços geográficos.

De acordo com as pós-graduandas, diferentes tecnologias foram utilizadas para transformar a ideia matemática em vídeo. O ChatGPT foi usado em diversas etapas do processo criativo, especialmente na geração de ideias e na elaboração do roteiro inicial. Para criar os personagens e cenários, a dupla utilizou a plataforma Canva. Já a edição final do vídeo foi realizada com a plataforma Clipchamp. A articulação entre diversas tecnologias digitais, com destaque para as IAs Generativas, pode ampliar a expressão criativa na construção de narrativas matemáticas durante o processo de produção de vídeos digitais.

Conforme discutimos nesta subseção, a produção de vídeos com IAs Generativas representa uma oportunidade para a aprendizagem de matemática, integrando criatividade, colaboração e tecnologia de forma crítica, reflexiva, ética e responsável. A construção coletiva do roteiro e a exploração de diferentes tecnologias podem contribuir para despertar o interesse pela aprendizagem da matemática.

Manter uma postura reflexiva frente às tecnologias, especialmente diante da facilidade com que informações podem ser manipuladas, é importante. Com esse pensamento, na próxima subseção, aprofundaremos a discussão sobre a relação entre vídeos, IA e a propagação de *fake news*, discutindo a importância da análise crítica na formação de estudantes conscientes e responsáveis.

Fake news *em sala de aula: o que a produção de vídeos com IA é capaz*

O termo *fake news* passou a ser amplamente utilizado no Brasil a partir de 2017 para descrever a disseminação de informações falsas, especialmente nas redes sociais e nos aplicativos de mensagens.

Contudo, essa ideia de espalhar mensagens inverídicas não é tão recente. Há registros históricos, em obras literárias de autores gregos e romanos, que sugerem essa prática (falar sobre a vida dos outros) como algo comum e reconhecido como um comportamento social significativo que tinha consequências. Sim, leitor, estamos nos referindo à "fofoca"![22]

A fofoca é um fenômeno tão antigo quanto a própria linguagem, que existe desde que as pessoas começaram a se comunicar. É um comportamento profundamente enraizado, que vem desempenhando várias funções sociais ao longo da história. Na pré-história, por exemplo, antropólogos e psicólogos evolucionistas sugerem que a fofoca pode ter evoluído como uma ferramenta social importante nas sociedades de caçadores-coletores. Nessas comunidades, compartilhar informações sobre o comportamento de outros membros do grupo ajudava a reforçar normas sociais, a manter a coesão do grupo e a garantir a cooperação.

Tanto a fofoca quanto as *fake news* envolvem a divulgação de informações que não foram devidamente verificadas, que podem ser falsas e espalhadas rapidamente. Ambas podem afetar a reputação de pessoas, instituições ou eventos. A fofoca tende a ser mais local e limitada a círculos sociais específicos, enquanto as *fake news* podem atingir uma escala global, especialmente quando disseminadas pela internet e redes sociais. A fofoca é tradicionalmente transmitida oralmente ou em pequenos grupos, enquanto as *fake news* se beneficiam de algoritmos de redes sociais e *bots*, para alcançar um público muito maior. As *fake news* muitas vezes têm propósitos específicos, como manipular a opinião pública, gerar lucro por meio de cliques ou desestabilizar instituições.

Há, portanto, entre elas (fofoca e *fake news*), semelhanças, especialmente em termos de disseminação de informações não verificadas, mas, também, diferenças, principalmente em termos de escala e impacto. Guardadas as proporções, podemos, então,

---

[22] Afirmação ou imputação baseada em suposições; boato; especulação; comentário desairoso ou maldoso sobre a vida de outrem; bisbilhotice, dito, mexerico (Michaelis, 2024).

considerar que a "fofoca" faz parte da genealogia das *fake news*? Podemos afirmar que a fofoca, embora não tenha deixado de existir, com a evolução das tecnologias, o *agency* das mídias sociais e, mais recentemente, com a participação da Inteligência Artificial, se transformou (ou foi/está sendo transformada) no que conhecemos hoje por *fake news*? Esse movimento pode remeter a um processo de moldagem recíproca? Esperamos que essas questões, as quais pretendemos retomar ao longo deste livro, sirvam como impulsos para o esforço de relacionar, de maneira simplificada, situações mais palpáveis com a visão epistemológica que defendemos, estimulando a continuidade do debate e despertando sua curiosidade.

Para além das discussões anteriormente pontuadas, não podemos desconsiderar que o movimento das *fake news* tem crescido vertiginosamente, causando um efeito de "bola de neve", e com possibilidades cada vez mais assustadoras. Elas têm um impacto enorme e variado em nossas vidas e, consequentemente, na sociedade como um todo. Incertezas em relação à política, à saúde pública, aos relacionamentos pessoais e às instituições são alguns dos mais recorrentes. Mas os efeitos são muito mais complexos, afetando quase todos os aspectos da vida moderna. Combater esse fenômeno não é simples, pois exige esforços coordenados entre governos, plataformas de mídias sociais, educadores e público em geral em busca da promoção da alfabetização e do letramento midiático, verificação de informações e restauração da confiança na verdade factual.

Por tudo isso, consideramos que não é plausível ficarmos alheios a esse tipo de discussão na Educação Matemática. Destacamos repetidas vezes em nossas pesquisas, planejamentos de ensino e até em conversas informais que a criticidade, a autonomia, a capacidade de tomada de decisões e a abertura para o diálogo problematizador fazem parte do perfil do estudante que almejamos formar. Essa, sem dúvida, é uma excelente temática para iniciar o caminho em busca desse perfil. Nos pautamos em Freire (1996) buscando a corporificação das palavras pelo exemplo. Assim, trouxemos como ilustração a forma como temos fomentado o debate sobre essa temática.

A situação apresentada a seguir ocorreu em 2024 em uma aula da disciplina de Tecnologias Digitais em Educação Matemática e Científica, desenvolvida na pós-graduação *stricto sensu* da região da Amazônia Legal. Os estudantes eram todos docentes que já atuavam no Ensino Superior. No planejamento da disciplina, desenvolvida por Daise Souto, uma aula foi reservada para discutirmos as *fake news* na Educação Matemática. Foram sugeridos, com antecedência, textos para fomentar o debate que deveria ser realizado com a participação de algum tipo de tecnologia digital.

Para tanto, no período inverso da aula, nos reunimos com o grupo (docente da disciplina com três ou quatro pós-graduandos) que iria organizar o debate conosco. Todos os detalhes eram planejados de forma coletiva e colaborativa. Nessa aula, especificamente, optamos, como tecnologia, a produção de vídeos digitais com Inteligências Artificiais Generativas.

Ao final da aula, o grupo foi autorizado a apresentar à turma uma surpresa (que não imaginávamos que eles iriam pensar em fazer): um vídeo digital que eles elaboraram usando Inteligência Artificial Generativa (Clipchamp e NaturalReader). A Figura 24 a seguir ilustra uma das cenas do vídeo e traz o QR Code de acesso a ele.

Figura 24: Cena do vídeo surpresa e QR Code para acesso.

Fonte: https://tinyurl.com/4vvppw99. Acesso em: 21 jun. 2025.

No vídeo a docente da disciplina, Souto comenta a respeito das avaliações. Ela afirma que quem não entregou o artigo, que era o trabalho final da disciplina, não tinha mais a necessidade de entregar; mais que isso, garante a publicação em um periódico qualificado. Além disso, convida os participantes da disciplina para uma confraternização. A turma assistiu atentamente e, à medida que o vídeo avançava, era possível perceber uma agitação manifestada em um misto de euforia e desconfiança reveladas em expressões como: "Que maravilha!"; "Quando a promessa é demais!". Após esse "burburinho", os participantes do grupo apresentaram outro vídeo. A Figura 25, a seguir, ilustra uma das cenas do vídeo e traz o QR Code de acesso a ele.

Figura 25: Cena do vídeo original e QR Code para acesso.

Fonte: https://tinyurl.com/bdew977x. Acesso em: 21 jun. 2025.

Esse segundo vídeo havia sido postado no ano de 2016 no canal do YouTube da docente da disciplina. Nele, são apresentados detalhes do planejamento de uma disciplina que seria ofertada à distância, de forma online. Ou seja, esse vídeo era o original, e o da surpresa, uma *fake news*. Apesar de ser uma brincadeira, essa produção coletiva e híbrida (Borba; Souto; Canedo Jr., 2022) abalou a turma. Foram relatadas sensações de medo, insegurança e impotência, pois eles estavam vivenciando uma situação de produção de *fake news* realizada de forma bem simples com Inteligência Artificial gratuita e acessível a qualquer pessoa. "E agora, temos muitos vídeos postados nas redes sociais, se alguém decidir fazer uma *fake news* para nos prejudicar?" "É realmente assustador. Ouvimos e sabemos que elas existem, mas não imaginávamos que era tão fácil de produzir." "Até conseguir provar que o conteúdo do vídeo não é verdadeiro." "Com a quantidade de vídeos que tenho no YouTube, meus alunos podem produzir qualquer tipo de *fake news* sobre mim, isso é aterrorizante, perturbador." Reações similares aconteceram no GPIMEM quando o vídeo *fake* foi exibido em uma reunião regular até que fosse explicada a transformação feita por um IA Generativa.

Essa surpresa provocou uma nova discussão que aborda questões éticas, valores morais, responsabilidade social, integridade e, ao mesmo tempo, reforçou o indicativo de que não podemos nos furtar de trazer para nossas aulas esse tipo de temática. Outro contexto que temos trabalhado com produção de vídeos é a Educação Escolar Indígena. A seguir apresentamos recortes dos trabalhos que temos desenvolvido com os povos originários.

Vídeos com IA Generativa e Educação Escolar Indígena

No contexto contemporâneo do século XXI, a apropriação e a ressignificação das tecnologias digitais pelos povos indígenas configuram-se como possibilidades para a continuidade e o fortalecimento de suas práticas sociais e culturais. A integração dessas tecnologias nas comunidades indígenas não pode ser compreendida como um processo unilateral de adoção passiva, mas sim como uma dinâmica sociotécnica que exige alinhamento com as visões políticas, os saberes tradicionais e as necessidades específicas de cada grupo étnico (Cunha; Borba, 2024; Cunha; Souto; Nascimento, 2024). Trata-se de um processo que vai além da mera inclusão digital, promovendo uma integração crítica e criativa, capaz de amplificar as vozes e os saberes indígenas.

Dentro desse panorama, a produção e o compartilhamento de vídeos digitais emergem como uma prática promissora, ao viabilizar que os povos indígenas manifestem as expressões no ciberespaço, compartilhem suas visões de mundo e defendam seus direitos e territórios (Souto; Cunha, 2024; Cunha; Borba, 2025). A facilidade de acesso a dispositivos de gravação, como smartphones, permite que as próprias comunidades indígenas assumam o protagonismo na documentação de suas línguas, tradições, rituais, conhecimentos ancestrais e práticas cotidianas. Ao produzirem suas próprias narrativas, os povos indígenas podem compartilhar suas perspectivas únicas, desafiar estereótipos e utilizar o audiovisual como instrumento de resistência, memória e afirmação identitária (Wanzeler; Silva; Omágua Kambeba, 2023; Cunha; Souto; Nascimento, 2024). Assim, os vídeos digitais autorais podem contribuir tanto para o registro como para a preservação e a difusão das culturas indígenas.

Reconhecendo a importância dessa prática, iniciativas como o Festival de Vídeos Digitais e Educação Matemática têm promovido seu fortalecimento. A partir da 7ª edição, realizada em 2023, o evento passou a contar com a categoria Povos Originários e Tradicionais. Essa categoria representa um importante espaço de expressão para que os povos originários e tradicionais compartilhem suas culturas, especialmente no âmbito da etnomatemática. Conforme destacam Cunha e Borba (2024, p. 2), "o vídeo digital, uma marca do século XXI, permeia diversas culturas e pode desempenhar um papel crucial na valorização da etnomatemática de um povo". A incorporação dessa categoria tem se mostrado fértil para promover discussões socioecológicas em Educação Matemática, fomentando a consciência ambiental, a valorização da diversidade cultural e dando visibilidade a vozes historicamente silenciadas (Borba; Silva; Lopes, 2025).

De acordo com Wanzeler, Silva e Omágua Kambeba (2023), a produção audiovisual permite "eternizar" saberes ancestrais, traduzindo não apenas falas, mas "imagens e sons como forma de autodeterminação, luta, cura, memória e tantas outras possibilidades cosmológicas" (p. 234). Um exemplo desse potencial, é o vídeo "A etnomatemática presente nas pinturas corporais do povo Haliti-Paresi", submetido à 8ª edição do festival de vídeos, ilustrado na Figura 26.

Figura 26: Cenas do vídeo "A etnomatemática presente nas pinturas corporais do povo Haliti-Paresi".

Fonte: https://youtu.be/2V0eas7CkX0. Acesso em: 21 jun. 2025.

O vídeo ilustrado na Figura 26 apresenta uma atividade de intercâmbio cultural entre a Escola Municipal Indígena Wazare e uma escola da rede urbana do município de Campo Novo do Parecis, no estado de Mato Grosso. A iniciativa teve como foco a aprendizagem da matemática a partir da prática da pintura corporal do povo indígena Haliti-Paresi. O encontro de culturas retratado no vídeo é especialmente relevante à luz da etnomatemática (D'Ambrosio, 2019), pois evidencia a presença de saberes matemáticos fora do contexto acadêmico formal, promovendo seu reconhecimento, valorização e compartilhamento. Durante a atividade retratada nesse vídeo, as crianças da escola não indígena puderam conhecer uma geometria que se afasta da abordagem puramente abstrata típica da matemática escolar. Elas reconheceram que diferentes formas geométricas estão incorporadas às práticas culturais do povo Haliti-Paresi.

Entendemos que o reconhecimento e a valorização dos conhecimentos matemáticos presentes nas culturas indígenas podem contribuir para o fortalecimento da identidade cultural desses povos, bem como para a promoção de uma educação antirracista e intercultural voltada aos povos não indígenas. Nessa perspectiva, o Festival de Vídeos Digitais, ao propiciar a disseminação de produções audiovisuais protagonizadas por povos indígenas, pode colaborar com a descolonização do conhecimento, ao combater estereótipos e fortalecer o respeito mútuo, que são princípios fundamentais defendidos pela etnomatemática.

Inseridos nesse movimento que busca impulsionar a produção de vídeos digitais por povos indígenas, os autores deste livro têm desenvolvido oficinas de produção audiovisual em contextos escolares indígenas, abrangendo desde a Educação Básica até a graduação e a pós-graduação. Essas oficinas promovem espaços de criação coletiva, reflexão crítica e valorização das narrativas próprias, fortalecendo o protagonismo indígena na construção e divulgação de seus saberes.

Na oficina descrita por Souto e Cunha (2024), desenvolvida na Escola Estadual Indígena Jula Paré, localizada no Território Indígena Umutina, em Barra do Bugres (MT), a produção de vídeos mobilizou o coletivo de estudantes, professores, pessoas idosas da comunidade com diferentes tecnologias, como smartphones, navegadores de internet, ChatGPT e aplicativos de edição de vídeo, ao longo de todas as etapas do processo de produção de vídeos, da construção do roteiro à finalização da edição, constituindo-se como um coletivo de seres-humanos-com-mídias (Borba; Villarreal, 2005).

A etapa de elaboração do roteiro de um vídeo em contexto escolar indígena constitui uma oportunidade para promover o diálogo e a interação entre os jovens produtores com os anciãos, ou membros mais idosos da comunidade. Conforme defendido por Cunha e Borba (2024), isso permite que os saberes sejam transmitidos/difundidos entre gerações. Essa prática tem sido incentivada nas oficinas desenvolvidas pelos autores deste livro, como mostra a Figura 27.

Figura 27: Diálogo entre gerações para produção do roteiro do vídeo.

Fonte: Arquivo dos autores.

O compartilhamento de saberes entre as gerações durante a construção da narrativa possibilita que os mais jovens tenham acesso aos hábitos e costumes que, ao longo do tempo, vêm sendo invisibilizados ou apagados. Essa prática contribui para que o vídeo possa retratar e fortalecer a memória coletiva e a identidade cultural da comunidade. Isso é ilustrado em um dos vídeos produzidos nesta oficina (Figura 28), que também participou da 8ª edição do Festival de Vídeos Digitais e Educação Matemática.

Figura 28: Cenas do vídeo "A flauta Balatiponé".

Fonte: https://youtu.be/addDGpeXWmQ. Acesso em: 23 jun. 2025.

Ao narrar histórias vividas por gerações mais antigas, o vídeo "A flauta Balatiponé" contribui para a preservação da memória coletiva e para o fortalecimento da identidade cultural. Esse resgate é fundamental dentro da perspectiva etnomatemática (D'Ambrosio, 2019), pois revela como certos conhecimentos, muitas vezes invisibilizados pelos currículos escolares tradicionais, envolvem matematizações presentes nas práticas cotidianas, como medições, contagens, organização do tempo, geometria do espaço vivido, entre outras.

A produção audiovisual anteriormente descrita resgata saberes ancestrais e a memória coletiva, ao mesmo tempo em que incorpora tecnologias contemporâneas, como as Inteligências Artificiais Generativas, em seu processo criativo. O objetivo é construir narrativas contextualizadas que possibilitem a transmissão desses saberes às futuras gerações. Essa abordagem remete à figura mitológica romana Janus, tradicionalmente representada com duas faces: uma voltada para o passado e outra para o futuro (D'Ambrosio, 2005a; Borba; Orey, 2023). De modo semelhante, essa prática articula tradição e inovação com tecnologias atuais, promovendo a valorização dos saberes indígenas.

Essa valorização dos saberes locais também se reflete nas escolhas metodológicas adotadas durante a produção dos vídeos com povos indígenas. Tanto no caso do vídeo analisado quanto nos demais produzidos no mesmo contexto, a participação da IA Generativa limitou-se ao refinamento da escrita de roteiros previamente elaborados pelos estudantes. A presença das Inteligências Artificiais Generativas amplia a participação dos agentes tecnológicos no processo de produção de vídeos digitais. Como destacam Souto e Cunha (2024), as IAs Generativas podem desempenhar múltiplas funções no processo criativo, "como a criação e aprimoramento de roteiros, geração de imagens e gráficos, conversão de texto em áudio e criação de personagens, entre outras" (p. 172).

Diferentemente das experiências discutidas na seção anterior, cujo objetivo era estimular a exploração das múltiplas possibilidades oferecidas pela IA na produção de vídeos de matemática, na oficina realizada com os estudantes indígenas, a participação dessa tecnologia foi mais restrita. Essa escolha não foi ao acaso, pois a intencionalidade era estimular a produção de narrativas visuais que valorizassem as vozes, as riquezas culturais e os costumes dos povos indígenas.

Os vídeos produzidos no contexto dessa oficina documentam práticas culturais, rituais, artesanatos, jogos e outros aspectos do cotidiano que contribuem para capturar e tornar visíveis os saberes e fazeres matemáticos (ticas) presentes nessas práticas (matema) situadas em contextos socioculturais específicos (etnos), em consonância com a perspectiva da etnomatemática proposta por D'Ambrosio (2005b, 2019).

A capacidade de produzir e disseminar conteúdo próprio permite contrapor narrativas hegemônicas e estereotipadas, fortalecendo a identidade cultural e a mobilização política. Contudo, a concretização desse potencial enfrenta muitos desafios. Historicamente, os povos indígenas foram frequentemente excluídos dos processos iniciais de digitalização da sociedade, criando uma defasagem no acesso e uso dessas tecnologias (Braga; Santos, 2023). A falta de infraestrutura básica, como energia elétrica e conectividade à internet, em muitos territórios, continua sendo um obstáculo fundamental que demanda políticas públicas eficazes e investimentos consistentes para garantir a inclusão digital (Pereira, 2020).

A superação dos desafios anteriormente mencionados se revela como condição indispensável para que as potencialidades das tecnologias digitais na educação escolar indígena sejam plenamente concretizadas. A formulação e a implementação de políticas públicas tecnológicas adequadas podem contribuir para a superação da exclusão digital que ainda afeta muitas dessas comunidades (Pereira, 2020). Mais do que garantir o acesso, é fundamental que essas tecnologias sejam integradas de maneira culturalmente sensível, de modo a apoiar a consolidação de um modelo de educação escolar indígena que seja, de fato, específico, diferenciado, intercultural e bilíngue ou multilíngue.

As tecnologias digitais e Inteligências Artificiais Generativas podem atuar como aliadas na valorização e na preservação dos saberes tradicionais, promovendo um diálogo respeitoso e produtivo com os conhecimentos científicos, além de reconhecer e fortalecer os processos próprios de aprendizagem de cada povo, contribuindo assim para a afirmação da autonomia e da identidade cultural indígena.

A ampliação de políticas públicas voltadas ao acesso às tecnologias digitais em comunidades indígenas é uma demanda histórica e reiteradamente defendida. No entanto, como será discutido no próximo capítulo, é imperativo reconhecer, conforme temos discutido, que tais tecnologias, especialmente as Inteligências Artificiais Generativas, transformam o processo de produção de conhecimentos.

Capítulo IV

Produção de conhecimentos em coletivos de seres-humanos-com-IA-Generativa

Historicamente, há registros sobre uma certa resistência à entrada de qualquer tipo de tecnologia, seja digital ou não, nas salas de aula (Borba; Penteado, 2001; Borba; Souto; Canedo Jr., 2022). Esse tipo de reação contribui para colocar a escola à margem (limite externo) da sociedade. Uma sensação de exclusão e não pertencimento aflora, principalmente, quando estudantes são obrigados a não usufruir das possibilidades que as TDs proporcionam quando elas estão presentes em vários de seus outros afazeres. Esse tipo de cerceamento pode reduzir substancialmente as possibilidades de aprendizagem.

Isso porque acreditamos que o conhecimento é produzido por um coletivo composto por humanos e não humanos. Essa visão reflete a compreensão de que tanto os humanos, cuja capacidade de agência (poder de ação/mobilização) é amplamente reconhecida, quanto as tecnologias, como a oralidade, a escrita, os softwares, entre outras, também podem manifestar *agency*, embora essa ideia ainda encontre certa resistência para ser plenamente aceita. Como ilustração, retomamos o episódio clássico da calculadora gráfica com alunos da graduação apresentado por Borba (1999).

A aula era sobre função quadrática ($y = ax^2 + bx + c$). O problema proposto aos estudantes era encontrar as relações entre a representação gráfica e os coeficientes algébricos "a", "b" e "c". À medida que os estudantes interagiam, a calculadora apresentava *feedbacks* rápidos de diferentes representações gráficas. Com isso, discussões eram geradas – muitas vezes, sobre algo que nem mesmo o professor havia pensado –, distintas conjecturas levantadas e, após as experimentações, algumas refutadas, outras aceitas. Isso foi possível devido às possibilidades da calculadora para a solução de problemas abertos. "Não se trata, portanto, de uma relação [mecânica] [...] entre o uso dessa mídia e os resultados obtidos" (Borba, 1999, p. 291). A calculadora gráfica, assim como outras tecnologias digitais, ocupa espaços que transformam a condição de artefato que medeia o processo de produção de conhecimento. Elas compõem, com atores humanos, um coletivo que possui *agency* e que, reciprocamente, molda e é moldado. Essa é a essência do processo de moldagem recíproca; nele, as TDs se transformam e transformam, dialeticamente, o modo de produzir conhecimento, em especial na Educação Matemática. Assim, podemos afirmar que a matemática se transforma à medida que diferentes tecnologias se tornam presentes em espaços educativos/formativos. Nesta coleção Tendências, há vários exemplos do que ficou conhecido como abordagem experimental com tecnologias (Borba; Penteado, 2001; Borba; Scucuglia; Gadanidis, 2014; Borba; Malheiros; Amaral, 2007), possibilitando que a matemática se aproximasse de práticas desenvolvidas. Nos últimos anos, em um projeto financiado por uma produtora de calculadoras científicas e gráficas, essa abordagem é levada à frente. Com pesquisas em escolas, a calculadora se torna importante em práticas pedagógicas (Teixeira *et al.*, 2025).

O principal argumento de cunho epistemológico é que o conhecimento matemático é um produto de coletivos de seres-humanos-com-lápis-e-papel, seres-humanos-com-calculadoras, seres-humanos-com-oralidade, seres-humanos-com-GeoGebra, seres-humanos-com-softwares, enfim, de forma ampla nomeado de seres-humanos-com-mídias. Esta visão desenvolvida no confronto da matemática produzida em favelas do Brasil com forte influência da oralidade e da matemática produzida com o poder de ação (*agency*) de softwares valoriza uma visão coletiva na qual o social é formado por humanos e não humanos (Borba; Souto; Cunha; Domingues, 2023). Essa noção permite que a matemática esteja sempre com marcas históricas de um conjunto de mídias, de tecnologias disponíveis.

Borba (2009) preconizou que se a internet fosse aceita em sala de aula restariam apenas problemas que envolvem modelagem ou artes. Esta ideia parece ainda valer e, agora com as IAs Generativas, nós faremos o mesmo tipo de pergunta que foi feita no referido artigo: O que são problemas para coletivos de seres-humanos-com-IA? Esta é uma pergunta que exige pesquisa, e há membros de grupos como GPIMEM e GEPETD debruçados sobre essa questão.

Neste livro, buscamos mostrar como o conhecimento é produzido por coletivos compostos por seres-humanos-com-IAs-Generativas – como seres-humanos-com-ChatGPT, seres-humanos-com-Copilot, entre outros. A visão epistemológica que envolve esse construto teórico defende que há, nesse coletivo, uma antropomorfização; ou talvez o mais adequado seja dizer uma antropomorfiMÍDIAção. Entretanto, esta visão não é única! Há várias formas de se conceber como acontece a relação entre humanos e não humanos.

Nas pesquisas em Educação Matemática, as TDs se apresentam como mídias, artefatos, instrumentos, ferramentas e meios tecnológicos. Essas expressões, muitas vezes, revelam as diferentes visões de tecnologias dos pesquisadores (Rosa; Souto, 2023). Consideramos essa pluralidade como algo positivo, sem deixar de observar que a discordância total pode, muitas vezes, indicar falta de reflexão. A completa ausência de abertura para o diálogo também é prejudicial, pois pode gerar rupturas e impedir avanços no processo de produção do conhecimento. Não estamos promovendo uma única visão sobre as Tecnologias Digitais na Educação Matemática, nem afirmando que uma visão é superior ou inferior à outra. Buscamos apenas indicar que dialogar é necessário, o que, ao que parece, encontrava muita resistência. Contudo, atualmente, sob o prisma da lógica das mudanças e com a aproximação mais intensa da Inteligência Artificial Generativa, alguns pesquisadores estão revendo seus pontos de vista e propondo que é importante reconhecer e analisar o poder de ação de atores não humanos no processo de produção de conhecimento.

O ChatGPT e outras IAs Generativas oferecem uma nova perspectiva sobre isso, pois mesmo aqueles que não aceitavam nenhum tipo de diálogo ou estavam convictos de suas visões, ao interagirem com uma IA Generativa, conseguem identificar o modo como seu pensamento se reorganiza e vivenciam o processo de moldagem recí-proca. A seguir, o relato de uma professora de um curso de arquitetura pode ilustrar essas considerações.

> *Professora*: Eu falo para os meus alunos: o ChatGPT é como se você estivesse conversando com um amigo, trocando ideias, amadurecendo seu ponto de vista. Ele pode te mostrar muitas coisas que podem fazer você mudar o seu ponto de vista. Mas você também pode "ensinar" a ele. É uma troca, sabe?

O comentário da professora que é de outra área e que não tem leitura ou qualquer tipo de conhecimento a respeito desse construto teórico retrata bem o patamar em que essa IA Generativa colocou o seres-humanos-com-mídias. Isso porque os termos "amigo", "tro-cando ideias", "amadurecendo seu ponto de vista" remetem ao que esse construto teoriza como processo de reorganização do pensa-mento; e os dizeres "fazer você mudar seu ponto de vista" e "ensinar a ele" vão ao encontro do que Borba, Souto, Cunha e Domingues (2023) indicam como moldagem recíproca. Podemos, então, afirmar que ChatGPT, DeepSeek, Copilot e outras IAs participam de uma aprendizagem "Generativa" para que se compreenda os papéis que as tecnologias digitais podem desempenhar nesses coletivos. A fala da professora reforça a ideia defendida insistentemente por Borba e Villarreal (2005) há duas décadas: os seres humanos são impregna-dos e constituídos por tecnologias, assim como as tecnologias são impregnadas de humanidade. Segundo os autores, as tecnologias digitais representam:

> [...] uma nova extensão da memória, com diferenças qualitativas em relação a outras tecnologias da inteligência, e torna possí-vel que o raciocínio linear seja desafiado por outras formas de pensar, baseadas na simulação, experimentação e em uma "nova linguagem" que envolve escrita, oralidade, imagens e comunica-ção instantânea (Borba; Villarreal, 2005, p. 22).

Há, na Educação Matemática, demonstrações de interesse em conhecer as possibilidades das Inteligências Artificiais Generativas para oportunizar sua participação nos trabalhos, problemas e outras tarefas escolares. Contudo, a não oferta de formação continuada com esse tipo de IA é, sem dúvida, um limitador. Os formadores dos formadores também estão vivenciando esse dilema, que aliás é muito semelhante, porém menos veloz, ao que ocorreu na pandemia da covid-19. Ao longo deste livro procuramos contribuir para a superação dessas dificuldades com a apresentação de exemplos factíveis. No entanto, há que se destacar que a formação com práticas pedagógicas deve ser fundamentada em perspectivas teóricas. Assim, neste capítulo apresentamos as bases teóricas que sustentam as práticas pedagógicas que propomos.

Figura 29: Imagem ilustrativa das ideias do construto seres-humanos-com-mídias.

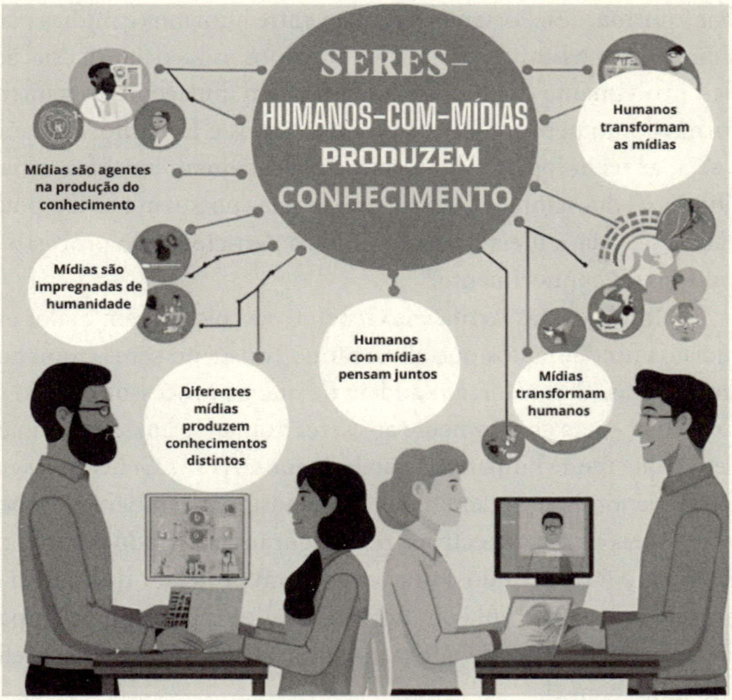

Fonte: Imagem gerada pelo Canva, 17 mar. 2025.

Interpretamos que a imagem da Figura 29 enfatiza a relação indissociável entre humanos e mídias no processo de conhecimento, afastando-se de uma visão instrumentalista das tecnologias e considerando que as mídias não são apenas ferramentas externas, mas agentes que participam ativamente da cognição e da aprendizagem, moldando (transformando) e sendo moldadas (transformadas) pelos seres humanos. A presença das mídias na sala de aula de Matemática transforma a maneira como o conhecimento é produzido. Mídias como bibliotecas, paredes, portas, *À sombra desta mangueira* de Paulo Freire têm poder de ação, e as tecnologias digitais são um caso particular, com um poder de ação explícito.

Segundo Borba, Souto, Cunha e Domingues (2023), essa reconfiguração (reorganização) ocorre porque a interação com mídias digitais possibilita novas formas de raciocínio, diferentes estratégias de resolução de problemas e outras maneiras de representar e compartilhar informações. Portanto, a relação entre humanos e mídias não é unidirecional. Assim como os seres humanos influenciam a criação e o desenvolvimento das mídias, estas também impactam diretamente a forma como pensamos, nos comunicamos e tomamos decisões, ou seja, as tecnologias estruturam e condicionam práticas sociais, culturais e educacionais. Isso sugere que elas possuem *agency,* poder de ação, ou seja, a ideia de que as mídias participam do processo de produção do conhecimento.

As Inteligências Artificiais Generativas colocam em maior evidência os fundamentos que alicerçam o construto seres-humanos-com-mídias. Elas reforçam a ideia de que os processos cognitivos não pertencem exclusivamente aos seres humanos, mas ocorrem em coletivo que reúne humanos e não humanos. As IAs Generativas não apenas respondem às demandas humanas, mas também propõem novas conexões e perspectivas, reconfigurando o modo como o conhecimento é construído. Por exemplo, um professor que utiliza IA para gerar planos de aula ou um pesquisador que emprega IA para análise de dados não está apenas usando a tecnologia, ele está refletindo junto com ela.

A IA Generativa sugere padrões, levanta hipóteses e reorganiza informações, demonstrando *agency*, particularmente quando influencia a estruturação do pensamento. A interação com sistemas de IA promove uma reciprocidade, pois os humanos ajustam seu pensamento a partir das respostas geradas pela IA, ao mesmo tempo que ela aprende e ajusta suas respostas com base nas interações. Isso pode ser observado nos exemplos que apresentamos nos capítulos anteriores e também no uso de *chatbots* educacionais, plataformas adaptativas e assistentes virtuais, que respondem dinamicamente ao comportamento do usuário, sugerindo conteúdos, ajustando o nível de dificuldade e personalizando a experiência de aprendizagem.

Entendemos que o *agency* das IAs reafirma que o conhecimento não reside apenas na mente do indivíduo (ser biológico), mas é construído em um coletivo (sujeito epistêmico), que se constitui em uma rede de interações entre pessoas, tecnologias e outros artefatos. Além disso, as IAs processam, geram e organizam informações, influenciando a forma como o pensamento é reorganizado e como as informações são interpretadas.

Dessa forma, consideramos importante que o *agency* dos não humanos seja reconhecido para que se possa expandir também a compreensão sobre as transformações que a Educação Matemática tem vivenciado em um mundo permeado por tecnologias cada vez mais inteligentes. Assim, é importante e necessário pensar que Inteligências Artificiais Generativas, como ChatGPT, DeepSeek, Copilot, Gemini e Claude, são sistemas de tecnologias digitais que passam a compor novos coletivos de seres-humanos-com-IAs-Generativas que se metamorfoseiam durante o processo de produção de conhecimento de matemática. Para compreender como as transformações desses "novos" coletivos podem ocorrer, buscamos na Teoria da Atividade e em outros fundamentos teóricos.

Teoria da Atividade e IA Generativa

A Teoria da Atividade, historicamente, está em contínua evolução, desde Vygotsky (1978), em um período em que as tecnologias digitais ainda não estavam presentes nas salas de aula de Matemática, até a contemporaneidade com Engeström (1987, 2024) e Engeström e Sannino (2020). Em funcionamento desde 1994, o Center for Research on Activity, Development and Learning (CRADLE), sediado na University of Helsinki, Finlândia, e coordenado por Yrjö Engeström, se consolidou como um polo de excelência na pesquisa e no desenvolvimento da Teoria da Atividade. Nele, a colaboração entre pesquisadores visa ao desenvolvimento de estudos que busquem não apenas compreender, mas ativamente transformar práticas sociais e organizacionais (CRADLE, [s.d.]).

Uma característica das pesquisas ligadas ao CRADLE é sua preocupação em relação à construção de formas alternativas de atividade que visem à equidade, à sustentabilidade e ao desenvolvimento em escalas local, regional e global. Outra particularidade é a preferência por estudos de tipicidade longitudinal, que analisem o desenvolvimento histórico dos sistemas de atividade e suas contradições.

A contribuição mais emblemática desse pesquisador para a Teoria da Atividade foi o seu modelo de sistema de atividade, apresentado pela primeira vez em 1987. Por ter uma estrutura com formato triangular, composta por subdivisões internas que também têm a forma de triângulos, ele fornece uma unidade de análise robusta para investigar a atividade coletiva. Nele, elementos como sujeitos, artefatos, comunidades, regras, divisão do trabalho e objeto são destacados nos vértices que indicam papéis específicos para cada um.

O sujeito, por exemplo, se refere ao indivíduo (ser humano) ou grupo de indivíduos cuja perspectiva e o *agency* são o foco da análise dentro do sistema de atividade. O sujeito "age sobre"..., ou seja, ele tem poder de ação dentro do sistema. Os artefatos são as ferramentas técnicas, tanto físicas (como máquinas, equipamentos e tecnologias digitais) quanto simbólicas (como linguagens, conceitos, modelos e sistemas de signos), históricas e culturais que têm o papel de mediar a interação entre o sujeito e o objeto[23] – aquilo para o qual a atividade é direcionada.

A representação sistêmica proposta por Engeström (1987) contribui para uma compreensão holística e relativamente dinâmica das práticas humanas. Isso tem se mostrado particularmente relevante em contextos organizacionais, educacionais e sociais em que a

---

[23] Sugestão de leitura complementar Borba; Souto; Canedo Jr. (2022).

interdependência e a interação entre os atores e fatores são a norma (Engeström; Sannino, 2010). Há uma ênfase em contradições internas, que não são falhas a serem simplesmente corrigidas, mas sim fontes de tensão produtiva e potencial para transformações que podem levar à aprendizagem expansiva (um processo coletivo de questionamentos e transformações do sistema de atividade).

Essas releituras conceituais e metodológicas, por vezes inovadoras, levaram a Teoria da Atividade a um estágio que favorece a análise e a intervenção em sistemas de atividade coletiva complexos, heterogêneos e inerentemente contraditórios, que caracterizam as práticas sociais, educacionais e laborais contemporâneas.

A Teoria da Atividade em sua vertente engeströniana não se limita a descrever ou explicar fenômenos. Ela busca envolver os participantes dos sistemas de atividade na análise crítica de suas próprias práticas e na coconstrução de futuros mais desejáveis. Esse viés requer o *agency* dos sujeitos e o reconhecimento da relevância prática do conhecimento produzido.

A respeito da noção de *agency* assumida por Engeström, destacamos que ela oferece uma perspectiva distintiva em relação às concepções individualistas. Isso porque a compreensão é de que o *agency* deve ser entendido como um fenômeno fundamentalmente coletivo, próprio de atores humanos, transformador e situado, emergindo e se manifestando no seio de sistemas de atividade complexos e contraditórios.

O *agency* não se limita à capacidade de agir dentro de estruturas preexistentes ou de se adaptar a elas; ele se manifesta, crucialmente, na capacidade dos sujeitos de questionar, desafiar e fundamentalmente transformar essas estruturas e as próprias práticas (Sannino, 2015; Engeström; Sannino, 2020). Este potencial transformador está intimamente ligado ao conceito de "aprendizagem expansiva" (Engeström, 1987), que é um processo coletivo de superação de contradições internas ao sistema de atividade. Ela ocorre quando há criação de novas formas de atividade, novos objetos e novos motivos. É nesse processo de "aprender aquilo que ainda não existe" que o *agency* coletivo se realiza de forma mais potente, impulsionando o desenvolvimento do sistema.

O poder de ação *é* historicamente situado e contextualmente moldado. As ações dos sujeitos são moldadas pelas tradições, ferramentas e conhecimentos acumulados no sistema de atividade ao longo do tempo (Haapasaari; Engeström; Kerosuo, 2016). Contudo, o *agency* também implica a capacidade de romper com o passado e de criar novas trajetórias históricas para o sistema. A análise do *agency*, portanto, requer uma compreensão profunda do desenvolvimento histórico do sistema de atividade e das condições concretas em que as ações ocorrem.

No cerne dessa abordagem residem outros dois conceitos interdependentes: mediação e artefatos. Eles contribuem para entender como os seres humanos interagem com o mundo, aprendem e transformam suas realidades. De Vygotsky (1978) se origina o conceito de mediação, que entende que a relação humana com o mundo não é direta, mas fundamentalmente mediada. Ele distinguiu dois tipos principais de instrumentos mediadores: as ferramentas técnicas e os signos. Ambos, na vertente defendida por Engeström (1987), compartilham o papel de artefatos.

Para além da ideia de instrumentos mediadores, os artefatos incorporam historicidade e culturalidade. Eles são imbuídos de conhecimento, valores e relações sociais da cultura que os produziu e os utiliza. Ao empregar um artefato, o sujeito estabelece, mesmo que implicitamente, uma relação com essa herança cultural. Os artefatos existem objetivamente no mundo externo, mas também são internalizados e utilizados subjetivamente pelos indivíduos, influenciando sua percepção (Cole, 1996).

Os artefatos também podem se tornar fontes de contradições (Engeström, 2001). A introdução de um novo artefato, como uma tecnologia digital, em um ambiente de sala de aula, por exemplo, pode entrar em conflito com as regras estabelecidas, com a divisão de trabalho existente ou com as habilidades dos sujeitos (professores e/ou estudantes). Essas contradições, frequentemente manifestadas por meio de tensões no uso ou na ausência de novos artefatos, são vistas como o motor para a aprendizagem expansiva.

Esse tipo de aprendizagem proposta por Engeström (1987) é concebido como um processo coletivo de transformação qualitativa de um sistema de atividade. Ela ocorre quando os participantes de um sistema de atividade, confrontados com contradições que desafiam suas práticas atuais, se envolvem em um ciclo de questionamento, análise, modelagem de uma nova solução (um novo objeto e motivo para sua atividade), implementação e consolidação dessa nova forma de prática (Engeström, 2001).

Os pesquisadores do CRADLE e outros estudiosos da Teoria da Atividade realizam discussões teóricas que buscam ampliar as compreensões sobre o princípio de estimulação dupla e a sua relação com o desenvolvimento do *agency* (Sannino, 2015). A ideia central é que, diante de uma primeira série de estímulos (o problema, a contradição, a tarefa desafiadora), os sujeitos introduzem ativamente um segundo conjunto de estímulos (artefatos mediadores, ferramentas, novos signos, ideias) para ajudá-los a reorganizar sua compreensão e ação. Assim, os indivíduos e os coletivos podem superar situações de conflito, contradição ou impasse em suas atividades, levando à aprendizagem expansiva (Engeström, 2024).

Esses e outros pesquisadores têm consolidado essa teoria como um referencial teórico-metodológico para a análise de sistemas de atividade, como os encontrados nos campos da Educação e, mais especificamente, da Educação Matemática. Na representação triangular (ou unidade mínima de análise), por exemplo, o sujeito pode ser o aluno individual, um grupo de alunos ou o professor; o objeto pode ser a apropriação de um conceito matemático específico, a resolução de um problema complexo ou a transformação de uma prática pedagógica. Os instrumentos incluem não apenas ferramentas físicas (calculadoras, softwares, Inteligências Artificiais), mas também artefatos simbólicos (linguagem matemática, diagramas, algoritmos). As regras englobam normas escolares, diretrizes curriculares e expectativas sociais. A comunidade refere-se à sala de aula, à escola, aos pais e a outros atores relevantes. Finalmente, a divisão do trabalho define os papéis e as responsabilidades de professores e alunos nos processos de ensino e de aprendizagem. Como ilustração desses conceitos vamos considerar, na Figura 30, o Sistema *blended-formação,* idealizado por Cunha (2018).

Figura 30: Sistema *blended-formação* idealizado.

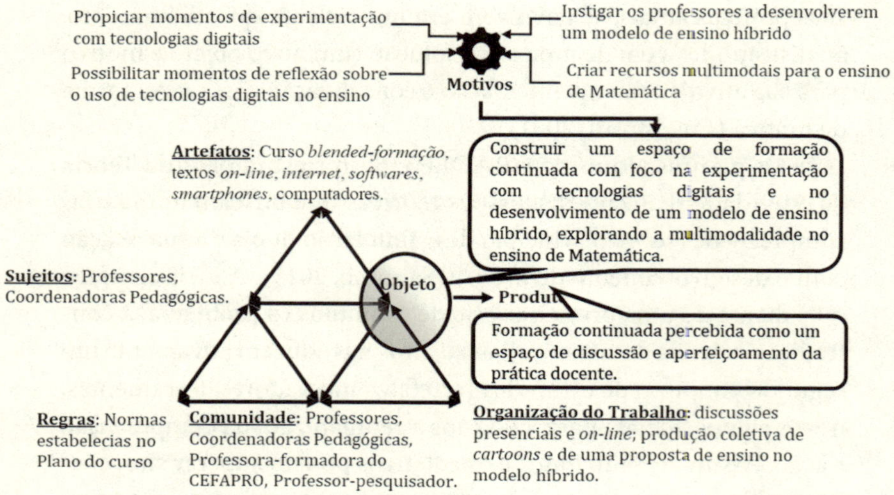

Fonte: Cunha (2018).

No sistema *blended-formação* idealizado, representado na Figura 30, os motivos, por exemplo, estão relacionados a possibilidades de descobertas de algo novo com reflexões e experimentações relativas ao ensino híbrido, à multimodalidade e às tecnologias digitais diversas. Com isso, essas são também palavras-chave que contribuem para a caracterização do objeto da atividade, pois Kaptelinin (2005, p. 17) afirma que "o objeto da atividade é determinado cooperativamente por todos os motivos efetivos", entre outros fatores. No papel de artefatos estão as tecnologias digitais; na posição de sujeitos estão os participantes do curso; como regras, o autor estabeleceu as normas específicas para o curso; a comunidade são todos os seres humanos que de alguma forma participaram do sistema, situando-o dentro do contexto sociocultural; e, por fim, a divisão (ou organização) do trabalho engloba a coletividade na realização de tarefas, as discussões e o modelo de ensino (híbrido).

Naquele momento (2018), as Inteligências Artificiais Generativas ainda não estavam presentes na Educação Matemática como atualmente ocorre. Mas, se esse trabalho tivesse sido desenvolvido a partir de 2023, é possível imaginar que as IAs Generativas estariam integradas a esse sistema de atividade idealizado no papel de artefatos. Isso porque, de acordo com Engeström (2024), as mudanças em relação ao que é usual em um dado sistema de atividade para algo inovador podem gerar movimentações e tensões (ou contradições internas) e, com isso, culminar na aprendizagem expansiva.

No que diz respeito às contradições internas, na Educação Matemática é possível, por exemplo, que elas surjam entre as práticas (com metodologias de ensino inovadoras propostas por um professor) e as aulas encapsuladas (Cunha, 2018) (com avaliações padronizadas impostas em documentos prescritivos). Elas também podem surgir entre o objetivo de desenvolver o pensamento crítico dos estudantes e a prática de memorização de fórmulas. Identificar e analisar essas contradições é importante para a compreensão dos desafios e das potencialidades para as transformações no ensino da matemática.

No processo coletivo de superação dessas contradições, que pode levar à criação de novas formas de atividade, novos objetos e novos motivos, é que a aprendizagem expansiva ocorre. Um exemplo, na formação de professores de Matemática, é quando um grupo de educadores se interessa em desenvolver e implementar uma nova abordagem para o ensino de um tópico historicamente problemático, como relacionar as representações algébricas e geométricas (ou gráficas) às cônicas (Souto, 2013).

Os conceitos de contradições internas e aprendizagem expansiva se alinham com as aspirações de uma Educação Matemática Crítica (Skovsmose; Borba, 2004) que busca não apenas a transmissão de conteúdo, mas a formação de cidadãos capazes de transformar suas realidades. A aprendizagem matemática na perspectiva expansiva é sempre situada e influenciada por fatores socioculturais.

Uma das aspirações dos estudiosos do CRADLE é explorar as possibilidades de encontros da Teoria da Atividade com outras perspectivas, discutindo os pontos de convergência e divergência e as potenciais contribuições para o avanço de teorizações. Propusemos um desses encontros com o construto seres-humanos-com-mídias. Ao longo de mais de dez anos de pesquisas em Educação Matemática e Tecnologias Digitais (Souto, 2013; Souto; Borba, 2016; 2018; Cunha; 2023) temos buscado, com esses dois referenciais, contribuir para compreensões sobre como o processo de aprendizagem de matemática ocorre com uma dada tecnologia digital e sobre os papéis das tecnologias digitais nesse processo. Não se trata de uma fusão ou síntese total, mas de mobilizar diferentes conceitos de forma reflexiva e crítica para iluminar diferentes facetas da realidade complexa que buscamos compreender e, em muitos casos, transformar.

Atualmente, os avanços das Inteligências Artificiais Generativas abrem novas perspectivas que podem alavancar outros desdobramentos teóricos, bem como contribuir para a consolidação das discussões e proposições já existentes, como a ideia de *agency* das mídias e a noção de moldagem recíproca. Para tanto, é necessário o desenvolvimento de novas pesquisas que façam novas análises, reexames, reavaliações, reconsiderações e até mesmo novas conclusões. A seguir procuramos sumarizar os resultados dos avanços teóricos de nossas pesquisas e apresentar alguns resultados preliminares encontrados com base na participação de Inteligências Artificiais Generativas.

Seres-humanos-com-IA e Teoria da Atividade: algumas teorizações

A Teoria da Atividade está na raiz do construto seres-humanos-com-mídias, representado pelas articulações feitas em Borba (1993; 1999) com autores como Lave (1988) e Tikhomirov (1981). Em mais de duas décadas, novas aproximações foram feitas (Souto 2013a; 2014; Cunha 2023). Vivenciamos a intensificação da IA na área comercial com o desenvolvimento de assistentes virtuais, personalização de serviços, otimização de processos, assistentes específicos para a medicina, plataformas de *e-commerce* e de *streaming*, entre outros. Conforme destacamos anteriormente, naquele período a IA integrada à robótica foi identificada como abordagem de IA mais recorrente nas pesquisas em Educação Matemática (Mohamed *et al.*, 2022).

A chegada das Inteligências Artificiais Generativas, como ChatGPT, DeepSeek, Copilot e DALL-E, na Educação Matemática não apenas autentica, mas notabiliza os conceitos centrais desse construto. Adicionalmente, o momento tecnológico intensifica e torna mais evidentes certas convergências com a Teoria da Atividade, especialmente na vertente de Yrjö Engeström (1987), nos desafiando a repensar as transformações da produção de conhecimento de forma integrada.

Um dos pilares do S-H-C-M (Borba; Souto; Cunha; Domingues, 2023) é a indissociabilidade entre atores humanos e não humanos. As IAs Generativas intensificam essa fusão, tornando o "pensar com" a IA um processo profundamente difuso. Essa simbiose encontra um paralelo no conceito de mediação por artefatos da Teoria da Atividade (Engeström, 2024), a qual postula que a ação humana é intrinsecamente moldada por ferramentas e signos utilizados. As IAs Generativas não são meros instrumentos, elas carregam consigo potencialidades que transformam a própria natureza da atividade. O "coletivo pensante" do S-H-C-M, agora com a participação das IAs Generativas, pode ser visto com maior nitidez como uma manifestação particular e intensificada de um sistema de atividade amplo.

A noção de moldagem recíproca presente no construto (seres humanos e não humanos formam um coletivo que molda um ao outro de forma recíproca) e sua similaridade com o eixo central de Teoria da Atividade (existem transformações que ocorrem nas interações que se estabelecem entre o ser humano e o ambiente no desenvolvimento de atividades mediadas por artefatos) são uma das aproximações feitas.

Em Souto e Borba (2012), identificamos, em uma análise empírica, durante o desenvolvimento de um curso online de Educação Matemática, alguns aspectos que poderiam ser caracterizados como próprios de transformações expansivas. Verificamos que as respostas dadas pelas mídias contribuíram para a reorganização do pensamento, propiciando a busca de possíveis soluções nunca antes pensadas por participantes do curso ou novos entendimentos para problemas matemáticos.

Conforme esclarecemos em Souto (2013; 2014), a noção de seres--humanos-com-mídias tem outras influências, assim como a própria Teoria da Atividade tem distintas abordagens. Com isso, concluímos que a relação entre eles não poderia ser colocada de forma tão rígida. Humanos e artefatos são separados de modo estanque em Engeström (1987). Nossas teorizações indicaram a necessidade de se discutir o papel das mídias dentro do próprio construto quando ele é analisado como um sistema de atividade. Além disso, sugerimos que era importante verificar se o papel das mídias dentro do sistema poderia se modificar.

> É possível que mídias como artefatos se transformem e passem a exercer o papel de sujeitos em um sistema de atividade? Expandi-la requer um debate sobre a própria ideia de mediação de Vygotsky. Nesse caso, estaríamos diante de uma possibilidade expansiva para a própria tríade geracional da Teoria da Atividade apresentada por Engeström? (Souto; Araújo, 2013, p. 219).

Com essas inquietações apontadas também por Souto e Araújo (2013), concluímos que as mídias se moviam em um sistema de atividade e desempenhavam papéis distintos quebrando a rigidez dos triângulos. Com isso, elas transformavam o próprio sistema e, ao mesmo tempo, foram transformadas por ele, em uma relação dialética. Esse tipo de conclusão também foi verificada em Souto (2013b; 2014; 2015) e Souto e Borba (2015), em que observamos, por exemplo, o modo como uma dada mídia (software de matemática dinâmico), que inicialmente ocupava a condição de artefato, se transformava e passava a ocupar a condição de objeto e, de forma análoga, averiguamos o movimento de transformação que a internet experimentou ao passar a ocupar o papel de comunidade. Na Figura 31, à esquerda, o QR Code leva ao GIF animado que ilustra essa dinamicidade que defendemos e, à direita, a representação triangular estática do sistema de atividade proposto por Engeström (1987).

Figura 31: Representação de um Sistema de Atividade: dinâmica e estática.

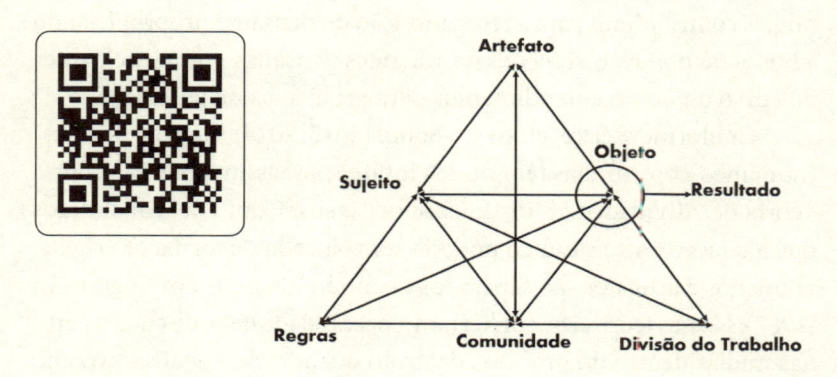

Fonte: Adaptado de Engeström (1987).
Disponível em: https://tinyurl.com/ymfssyxy. Acesso em: 24 jun. 2024.

As representações em versões digitais dos triângulos ilustram os movimentos quando uma dada mídia contribui para a transformação do conhecimento. O digital permite expressar ideias de forma mais dinâmica e interativa (QR Code, Figura 31). O artefato digital, nesse contexto, não apenas representa, mas transforma e molda o conhecimento. O poder de ação digital possibilita, então, traduzir, para os sistemas de atividade, a flexibilidade mencionada por Borba (1993; 1999) e Borba e Villarreal (2005), ao enfatizarem a antropomorfização entre mídias e seres humanos.

O triângulo dinâmico, sem uma divisão rígida entre humanos e artefatos, e com mídias como a internet podendo estar em vários vértices, permite que o construto seres-humanos-com-mídias seja visto como um sistema de atividade em que regras, divisão do trabalho e objetos se modificam também pela presença de diferentes artefatos, de diferentes mídias, de diferentes tecnologias. Várias outras ideias foram desenvolvidas, como aquela de miniciclones para contribuir com a compreensão sobre como ocorre o processo de aprendizagem expansiva em sistemas coletivos de humanos-com-não-humanos (Souto, 2013; Borba; Souto; Canedo Jr., 2022).

Com esses resultados, tivemos, então, indicativos mais consistentes dessas movimentações e assim podemos admitir, com maior ênfase, a ideia de que as mídias têm *agency*.[24] Cunha (2023) enfatiza o poder de ação das mídias e dá um tom ainda mais ativo para as coisas. Conforme já argumentado, há outros autores também defendendo a posição epistemológica (Freitas; Sinclair, 2013; Di Felice, 2022; Latour, 2001; 2020; Borba; Souto; Cunha; Domingues, 2023) de que o conhecimento é produzido por coletivos de humanos e não humanos.

Neste livro, tentamos, de acordo com nossa tradição, apresentar exemplos. A IA Generativa trouxe muitas contribuições para os três autores deste livro e para outros que sustentam que diferentes mídias transformam o conhecimento. Se havia uma resistência décadas atrás

---

[24] Outras pesquisas vêm corroborando o papel das mídias como sujeitos – aqueles que possuem *agency* (Galleguillos, 2016; Borba, 2021; Costa, 2024; Canedo Jr., 2021; Borba; Souto; Canedo Jr., 2022; Borba; Souto; Cunha; Domingues, 2023).

na comunidade de Educação Matemática para aceitar a noção de seres-humanos-com-mídias, hoje, após o "fenômeno ChatGPT", nossas proposições têm sido aceitas por um público mais amplo.

Já trouxemos alguns exemplos de pesquisas, como aquelas de Silva, Donegá e Namukasa (2024), Lopes e Borba (2024), utilizando IAs Generativas como o ChatGPT. Como ainda há poucas pesquisas, trouxemos também experiências de ações de extensão e de ensino que temos desenvolvido. O leitor atento vai ver que foi da mesma forma a pesquisa que envolvia calculadoras gráficas décadas atrás e, atualmente (Borba; Penteado, 2001; Teixeira; Zampieri; Paiva; Javaroni, 2025), EAD online (Borba; Malheiros; Amaral, 2007) e vídeos (Borba; Scucuglia; Gadanidis, 2014; Borba; Souto; Canedo Jr., 2022). Vivências, exemplos e pesquisas são articulados.

Essas e outras discussões realizadas neste livro nos levaram a concluir que a noção de moldagem recíproca no construto S-H-C-M, em que seres humanos e mídias se influenciam mutuamente, é amplificada pelas IAs Generativas. Por um lado, estudantes e professores moldaram IAs Generativas via *prompts* e *feedbacks*; por outro, IAs Generativas moldaram estudantes e professores ao influenciar como eles formularam questões e estruturaram o pensamento. A Teoria da Atividade, por sua vez, também reconhece a natureza dialética da mediação: os artefatos são produtos da atividade humana passada, mas também moldam a atividade presente e futura. As IAs Generativas, com sua capacidade de aprendizagem e adaptação, tornam esse ciclo de moldagem recíproca, implícito na TA, extraordinariamente dinâmico e explícito, evidenciando como o artefato (IA Generativa) ativamente (re)configura o sujeito e sua atividade.

Ademais, esse construto defende que as mídias reorganizam qualitativamente o pensamento. As IAs Generativas levam essa reorganização a um novo patamar, transformando processos de ideação, criação e resolução de problemas. Essa "reorganização do pensamento" ressoa fortemente com o conceito de aprendizagem expansiva de Engeström (2001) na TA e reafirma nossas teorizações realizadas anteriormente. A aprendizagem expansiva descreve como os sistemas de atividade evoluem com a superação de contradições, levando a novas formas de atividade e a novos objetos.

Os trabalhos que apresentamos neste livro, como o episódio das *fake news,* e o experimento relativo à Mostra Brasileira de Foguetes de Silva, Donegá e Namukasa (2024) sugerem que a introdução de IAs Generativas em um sistema de atividade pode gerar novas contradições (desafios éticos, necessidade de novas habilidades), mas também pode ser o catalisador para uma aprendizagem expansiva, em que o "coletivo seres-humanos-com-IAs-Generativas" desenvolve novas formas de produzir conhecimento, reorganizando fundamentalmente a atividade.

A questão do poder de ação distribuído e compartilhado por atores humanos e não humanos, conceito central no S-H-C-M, também encontra eco na Teoria da Atividade. Embora constituída apenas por atores humanos, a TA já desafia a noção de *agency* puramente individual. As IAs Generativas com sua capacidade de "iniciativa" e geração autônoma de conteúdo tornam a distribuição de *agency* ainda mais proeminente.

O "coletivo pensante" do construto seres-humanos-com-mídias, potencializado pelas IAs Generativas, pode ser compreendido, à luz da Teoria da Atividade, como um sistema de atividade em que o *agency* é cada vez mais distribuído entre múltiplos atores humanos e não humanos (as IAs Generativas como artefatos com capacidades agentivas), levantando novas questões sobre intencionalidade e responsabilidade dentro do sistema. Um exemplo está no capítulo II, especificamente, na pesquisa de modelagem de Lopes e Borba (2024).

Ambos os referenciais, S-H-C-M e TA buscam superar dualismos simplificadores como humano/tecnologia. O primeiro propõe a indissociabilidade, enquanto a segunda analisa a interconexão dentro do sistema de atividade. As IAs Generativas rompem qualquer tipo de obstáculo que não reconheça essa ubiquidade. Dito de outra forma, a interdependência e a coconstituição entre seres humanos e essas inteligências são inegáveis e centrais para a análise da aprendizagem matemática.

Por fim, consideramos que a mediação transformadora e *fuzzy,* o *agency,* a moldagem recíproca e a reorganização do pensamento como forma de aprendizagem expansiva e a superação de dualismos são temas em que o encontro entre seres-humanos-com-mídias e a TA é potencializado pelo fenômeno das IAs Generativas. Esta intersecção se mostra uma robusta lente teórica para pesquisas em Educação Matemática e Tecnologias Digitais.

Capítulo V

Democracia, água, equidade e perigos da presença da IA Generativa

E, afinal, este livro foi escrito por uma IA Generativa ou pelos três autores? O leitor que leu o livro com calma deve estar pensando que a resposta não é "Sim" ou "Não"! Ele não foi escrito pelo ChatGPT ou pelo Manus ou pelo DeepSeek a partir de um texto de entrada do tipo: "Escreva um livro sobre Inteligência Artificial em Educação Matemática"! O leitor que já leu outros livros dos autores identificou o estilo pessoal em várias partes do livro. Por outro lado, há no livro várias imagens e atividades propostas que têm a participação de diversas IAs; fizemos o uso do criador de voz NaturalReader, que mudou a voz de Daise Souto em um dos vídeos que podiam ser acessados por QR Code. Houve também exemplos de uso do ChatGPT para ilustrar como o leitor deste livro pode usar uma IA Gen. Ou seja, ela foi utilizada!

Houve também imagens geradas pela IA do Canva, a partir de comandos como: "Gere imagens que mostrem que o conhecimento é produzido por humanos e não humanos". Isso indica que a IA teve poder de ação na produção, o que nos leva a reafirmar a natureza coletiva do conhecimento. Assim como outros livros que, há algum tempo, vêm sendo considerados frutos de uma produção coletiva, ao citarem autores influenciados por colegas e pelas mídias com as quais interagem, este livro também é resultado da ação de seres-humanos--com-word-browser. Este tem o *agency*, o poder de ação do Meet, que permitiu o compartilhamento de ideias entre os autores; do Google

Docs, que viabilizou a escrita em tempo real; e das IAs Generativas, que contribuíram com imagens e sugestões.

Podemos então dizer que este livro é fruto de um coletivo social, em que se inclui Daise-Marcelo-Fernandes-IA-Meet-Google-Docs. É claro que esse coletivo é bem maior, e, como Borba, Almeida e Gracias (2018) já afirmaram, há também a voz dos dados de pesquisas, a voz de outros autores citados, etc. Este livro teve partes escritas por coletivos que envolviam apenas um dos humanos que fazem parte desse coletivo, e que foram depois modificadas a partir da leitura de outros autores. É claro que sempre há mídias! Mas teve também escrita síncrona, em um Google Docs, compartilhada também por videoconferência que ligava Barra do Bugres (MT) a Cuiabá (MT) e a Rio Claro (SP), com muito humor, atividade mental e afeto!

Então um coletivo de seres-humanos-com-IA-outras-mídias escreveu este livro. E a expressão, a responsabilidade, a autoria nesses tempos de transformação é de Souto, Cunha e Borba. Nossa posição é de não demonizar nem aceitar acriticamente a IA Generativa. Escrevemos um livro mostrando o potencial da IA para diversos aspectos da Educação Matemática. Como fizemos ao longo das últimas três décadas, não dissemos que calculadoras gráficas ou computadores são a solução, mas apontamos o que estava sendo transformado na matemática ao ver a mídia lápis-e-papel ganhar a companhia dos softwares matemáticos. O mesmo foi feito com a chegada da internet em seus dois estágios, o inicial com passagem de texto e o que vivemos hoje, que permite que vídeos e outros arquivos, outrora considerados de tamanho imenso, sejam compartilhados. Assim entendemos que a IA não pode ser ignorada e tentamos apresentar uma discussão de cunho epistemológico e pedagógico de como ela transforma nossas práticas. Mas não devemos pensar que a IA apenas apresenta pontos positivos. Não vimos ainda o que se perde, e recentemente criou-se um consenso que o uso excessivo de celulares pode ser prejudicial à saúde mental e à própria produção de conhecimento. Queremos, portanto, pesquisas também nesse sentido sobre IA.

A chegada da IA Generativa aumentou a preocupação com os possíveis impactos sociais e éticos relacionados à adoção massiva da IA. Tem sido noticiado como que robôs são utilizados para disseminarem *fake news*, artifício usado por uma força política, espalhada por todo o mundo, que visa atacar a democracia e a ciência. Utilizam incríveis montantes de verbas para manter privilégios. Ou seja, a utilização de IA Generativa, tecnologia em desenvolvimento constante, é fruto de coletivos de seres-humanos-com-tecnologias, e, pela própria natureza dessa tecnologia, ela se transforma e com isso transforma humanos. Mídias constituem também o que significa ser humano em um dado momento histórico.

Há também a questão ecológica. Muitos pensam que ler um livro físico é um problema ecológico, mas se esquecem do custo em termos de água e energia elétrica para manter sistemas informáticos ativos. Em reportagem de março de 2025, a *National Geographic* já alerta:

> Gerar um texto de 100 palavras no ChatGPT consome, em média, 519 mililitros de água. Este consumo, que pode parecer mínimo à escala de uma única consulta, é ampliado quando se analisa o impacto a uma escala maior. *Se apenas 10% da força de trabalho dos EUA utilizasse este serviço semanalmente, o consumo anual de água ascenderia a mais de 435 milhões de litros,* o suficiente para abastecer todas as casas de um estado como Rhode Island, com um milhão de habitantes (Parra, 2025).

Assim, disseminação de informação falsa e questões ecológicas são apenas dois dos possíveis problemas que a IA Generativa pode trazer. Como já mostramos neste livro, autores como Carvalho e Borba (2025), Lopes e Borba (2024) e Borba (2021) mostram a possibilidade – e a urgência – de relacionarmos mídias digitais, ecologia, teoria crítica e Educação Matemática. Então, é claro que a participação (ou "uso") de IA é feita, mas não sem uma imensa "pegada ecológica". O "uso" de IA contribui para agravar a crise climática que já enfrentamos!

O aumento de orçamento das grandes potências, para estes fins, pode ser positivo para o desenvolvimento da IA, mas pode deixar de dar prioridade a questões sociais. Será que iniciamos uma nova guerra fria em torno da IA? Podemos afirmar que saíram na *pole position* os Estados Unidos e a China. Os EUA entre 2021 e 2024 investiram R$ 63 bilhões do setor público para o avanço, a inovação e a aplicação de tecnologias de IA, direcionados para diferentes áreas, incluindo pesquisa científica, desenvolvimento tecnológico e a implementação de aplicações práticas; e contou também com, estimados, R$ 380 bilhões da iniciativa privada. A China em 2024 fomentou, com um montante de R$ 306 bilhões de recursos públicos, o desenvolvimento de centros de dados (*data centers*), que são locais projetados e especializados para comportar sistemas de armazenamento de dados e equipamentos de rede e, anterior a isso, em 2023, os investimentos privados, naquele país, foram estimados em R$ 39 bilhões (Brasil, 2024).

Esses países são seguidos por Alemanha (R$ 29 bi); França (R$ 14 bi); Itália (R$ 6 bi); Reino Unido (R$ 18 bi); e União Europeia (R$ 16 bi). O Brasil está buscando conquistar um lugar nessa corrida, e em 29 de julho de 2024 o Ministério da Ciência, Tecnologia e Inovação lançou a proposta do Plano Brasileiro de Inteligência Artificial para ser desenvolvido entre 2024 e 2028. Entre os investimentos dos setores público e privado, há uma previsão na monta de R$ 20,03 bilhões a serem aplicados nas áreas de saúde, agricultura, meio ambiente, educação, desenvolvimento social, gestão do serviço público, indústria, comércio e serviços. Nessa proposta (Plano IA para o Bem de Todos), são apresentadas 54 ações concretas, e, apesar do otimismo, algumas ainda estão aguardando previsão orçamentária.

Para a Educação, os investimentos de aproximadamente R$ 30 milhões estão direcionados para o desenvolvimento de sistema de gestão inteligente para controle de frequência dos estudantes; soluções para o controle da qualidade das aquisições de alimentos do Programa Nacional de Alimentação Escolar (PNAE); sistema de predição e proteção de trajetória dos estudantes; soluções adaptativas com IA generativa de avaliação formativa e diagnóstica para a alfabetização e letramento; e sistemas de tutoria inteligentes de Matemática desplugados com IA generativa. Com exceção dos dois primeiros, os demais envolvem a formação de professores (Brasil, 2024).

Será interessante observar se políticos em torno de uma lógica empresarial que já se mostrou nefasta, quando aplicada à educação, vão utilizar a IA para, por exemplo, economizar com salário e número de professores. Isso seria um desastre! A ideia é termos pesquisas com IA para que o professor, como no caso do processador de texto (o "word"), se liberte de tarefas automatizadas para que ele possa ouvir e falar com estudantes. Se a IA vier para transformar a criatividade e ser parte do coletivo professores-com-tecnologias será bem-vinda. Assim, o diálogo que falamos em Borba, Souto e Canedo Jr. (2022), no qual os vídeos representam também uma forma de dialogar, de ouvir, de valorizar uma mídia que marca o século XXI, pode ser dinamizado com as IAs. Esperamos que a leitora e o leitor do livro entendam que é necessário cuidado com a IA Generativa, mas que não é possível ignorá-la!

Se a crise do ensinar matemática é grande, a crise da desigualdade social, seja no Brasil ou no Oriente Médio, é enorme. As constantes guerras na Ucrânia, no Iêmen ou na Palestina nos trazem o perigo da IA utilizada como arma de guerra. Então esse é outro perigo que estamos vivendo, e o principal é saber se haverá mundo para os seres-humanos-no-mundo com os outros. A crise climática realça a visão da fenomenologia (Bicudo, 2020) sobre a indissociabilidade entre ser humano e mundo. Não há mundo sem ser humano, nem ser humano sem mundo. Esta autora aumenta a dimensão intersubjetiva da experiência, que é compartilhada. As dimensões ecológicas e histórico-culturais estão em constante transformação pelo ser humano, e nós, autores, acrescentamos que essas dimensões ajudam a constituir o que é humano. Não há mundo sem ser humano, nem ser humano sem mundo.

Assim, recentemente, o ICMI, principal organização em Educação Matemática do mundo, lança movimentos para que ela se torne socioecológica. Os anais da conferência, organizada por esta instituição, sobre o tema mostram que diversas ações têm sido desenvolvidas nesse sentido ao redor do mundo.[25] Inteligência Artificial não foi um tema central nessa conferência, em que um dos autores deste livro ajudou a organizar. É fundamental que, para diminuir a pegada ecológica provocada pelo excessivo consumo de água da IA, busquemos soluções em coletivos de seres-humanos-com-IA-e-matemática. Essas soluções devem visar a mitigação da crise climática – com suas enchentes, ondas de calor e secas –

---

[25] Disponível em: https://tinyurl.com/4snkavyb. Acesso em 15 maio 2025.

que afeta, sobretudo, as populações socialmente vulneráveis, aquelas que estão na base da pirâmide social, cuja distância em relação ao topo insiste em se manter.

Ao longo deste livro, procuramos mostrar como a Educação Matemática, com a participação de Inteligências Artificiais Generativas, tem responsabilidade ética, política, social e ambiental que pode contribuir para a transformação da realidade e para a construção de uma sociedade mais justa. A ideia de buscar soluções para problemas reais e relevantes com coletivos de seres-humanos-com-IAs-Generativas remete à noção de que o conhecimento é construído de forma colaborativa e emancipatória, com a valorização do diálogo, da escuta, do senso de justiça, do respeito e da democracia, alinhando-se com os conceitos defendidos pela Educação Matemática Crítica.

A pergunta da personagem do filme *A.I.: Inteligência artificial*, de Steven Spielberg, feita na epígrafe inicial deste livro, apresenta um diálogo profundamente inquietante que pode propiciar reflexões sobre questões fundamentais da natureza da humanidade, a desumanização, a relação entre seres humanos e tecnologia e o futuro em um mundo cada vez mais hibridizado. À luz das discussões teóricas que apresentamos neste livro sobre o construto seres-humanos-com-mídias, a Teoria da Atividade e as Inteligências Artificiais Generativas, faremos, a seguir, uma síntese crítica às provocações levantadas no filme juntamente com os nossos questionamentos, quais sejam: O questionamento da personagem do filme feito na epígrafe inicial deste livro faz sentido? Afinal, humanos são desumanos tendo como exemplo guerras, atuação de milícias, machismo, pedofilia, várias formas de descriminação e a própria falta de acesso igual à Educação? Será possível termos híbridos, como na ficção, que serão mais humanos, ou serão mais fascistas e proclamarão que há uma raça superior à outra? Até que ponto a ficção científica se aproxima da realidade?

Vamos refletir na busca de possíveis "respostas" a essas interrogações. A pergunta "Então por que só fez um?" carrega uma crítica devastadora à humanidade. Ela sugere que, se os seres humanos podem ser "maravilhosos", essa qualidade é tão rara que parece ter sido produzida apenas uma vez. Essa provocação faz sentido quando consideramos a história recente marcada por guerras, violência, discriminação, desigualdades e, inclusive, as crises climáticas. A partir das lentes da Teoria da Atividade de Engeström, podemos analisar essa "desumanização" como resultado de contradições nos sistemas de atividade humana. As guerras, o machismo, a pedofilia e as várias formas de discriminação não são simplesmente falhas morais individuais, mas manifestações de contradições profundas em sistemas sociais, políticos e econômicos historicamente constituídos. A atividade humana, mediada por artefatos culturais, regras sociais e divisões de trabalho específicas, pode produzir tanto maravilhas quanto horrores.

O construto seres-humanos-com-mídias considera que a produção de conhecimento e o *agency* são distribuídos entre seres humanos e tecnologias, então a "desumanidade" também pode ser vista como emergente desses coletivos. As tecnologias de guerra, os algoritmos que amplificam discursos de ódio, os sistemas de vigilância que reforçam desigualdades, todos são exemplos de como certos coletivos "seres-humanos-com-mídias" podem produzir resultados profundamente problemáticos. A tecnologia não é neutra, ela incorpora e amplifica valores, preconceitos e estruturas de poder existentes.

A questão sobre a possibilidade de híbridos "mais humanos", mais solidários, ou "mais fascistas" toca no cerne de discussões filosóficas e científicas contemporâneas sobre Inteligência Artificial. A partir do construto seres-humanos-com-mídias, podemos argumentar que já somos híbridos. Assim, a questão não é se seremos híbridos, mas que tipo de híbridos nos tornaremos? A ficção científica sempre funcionou como um laboratório para explorar as implicações sociais, éticas e existenciais de desenvolvimentos tecnológicos emergentes. O filme *A.I.*, lançado em 2001, antecipou muitas das questões que hoje enfrentamos com o avanço da inteligência artificial.

A aproximação entre ficção científica e realidade é particularmente evidente no campo da IA. Sistemas como GPT-4, DALL-E e outros modelos generativos já demonstram capacidades que, há poucos anos, pareciam ficção científica. A questão da consciência em máquinas, central em *A.I.*, ainda permanece no domínio da especulação, mas outras questões, como a agência distribuída, a dependência humana de sistemas artificiais e os dilemas éticos da criação de entidades artificiais cada vez mais sofisticadas já são realidades com as quais lidamos. A ficção científica não apenas prevê, mas também molda nossa compreensão e nossas expectativas dessas transformações. O diálogo da epígrafe deste livro nos confronta com a ambivalência desse hibridismo (humanos e não humanos), a capacidade tanto para a criação e o cuidado para a destruição nas mais diversas formas de manifestação de *agency*.

A expressão "Eu não quero ser humana!", apesar de sugerir uma dicotomia entre seres humanos e tecnologias, pode ser reinterpretada não como rejeição da humanidade em si, mas como rejeição de certos padrões de atividade humana que produzem sofrimento e destruição, como os padrões defendidos pelo fascismo e nazismo de tão tristes recordações de um século atrás e que agora parecem querer voltar. Contudo, o desafio não é escolher entre ser humano ou não humano, mas compreender o que significa ser humano em um mundo cada vez mais híbrido que estamos coconstruindo com as tecnologias que criamos e que, por sua vez, nos recriam.

Esperamos que o leitor e a leitora se inspirem para pesquisar a partir da leitura deste livro. Na Educação Matemática, temos diversas questões que já estão sendo investigadas e outras que têm potencial para o desenvolvimento de pesquisas futuras. Lopes e Borba (2024) abordam possíveis relações entre Educação Matemática Crítica e IA Generativa com as seguintes perguntas: Como é possível praticar uma Educação Matemática Crítica em coletivos de seres-humanos--com-ChatGPT? De que modo é possível identificar as ideologias que estão embutidas nas respostas do ChatGPT?

Além dessas, há muitas interrogações em aberto, como: Em termos culturais, que vieses as IAs Generativas manifestam em suas respostas? Como a etnomatemática é vista pelas IAs Generativas? Até que ponto há "neutralidade" na modelagem de um fenômeno, realizada com IAs Generativas, ao deixar variáveis de fora e incluir outras? Em fenômenos sociais envolvendo salários e lucro, qual a "postura política" do ChatGPT e outras IAs Generativas? De que forma, na Educação Matemática, o tripé "consumo, sustentabilidade e justiça social" com a pegada ecológica de coletivos de seres-humanos-com--mídias pode contribuir para o desenvolvimento de um pensamento crítico e problematizador?

Recomendamos que a Educação Matemática com Inteligências Artificiais Generativas seja abordada de forma contextualizada, consciente, responsável, ética, crítica, politizada e voltada a ações transformadoras que busquem, entre outras questões, o equilíbrio ambiental com gestos socioecológicos. Já apresentamos, neste livro, exemplos que sugerem algumas possibilidades e, simultaneamente, apontam para a factibilidade da constituição da sexta fase das tecnologias digitais. Cumpre destacar, contudo, que tal proposição ainda se encontra em estágio inicial de formulação, em grande medida devido ao caráter emergente das Inteligências Artificiais Generativas no campo educacional e, mais especificamente, na Educação Matemática. Trata-se de um fenômeno recente, cuja rápida evolução ainda não foi plenamente acompanhada por estudos, investigações sistemáticas e pesquisas científicas que nos permitem fundamentar com consistência teórica essa nova fase.

Se você chegou até aqui, é porque aceitou nosso convite para embarcar nessa "viagem ao mundo" da Inteligência Artificial com Educação Matemática. Agradecemos por ter percorrido conosco este trajeto de reflexões, inquietações e possibilidades. Esperamos que as ideias aqui apresentadas tenham provocado questionamentos férteis, inspirado novos olhares e, sobretudo, contribuído para o fortalecimento de práticas pedagógicas mais críticas, éticas, democráticas e comprometidas com a transformação social. Que este percurso não se encerre nestas páginas, mas continue em suas práticas, pesquisas e diálogos, alimentando uma Educação Matemática atenta aos erros e desafios do passado, sensível às urgências do presente e aberta às potências do futuro. Um dos nossos grandes desafios será gerar problemas para coletivos de humanos e não humanos que envolvam a IA Generativa.

Referências

2001: Uma odisséia no espaço. Direção: Stanley Kubrick. Reino Unido; Estados Unidos: MetroGoldwynMayer, 1968. Filme. 139 min.

A.I.: Inteligência artificial. Direção: Steven Spielberg. Estados Unidos: Warner Bros., 2001. Filme. 146 min.

Anschau, F. R. Produções audiovisuais de Educação Financeira para o VI Festival de Vídeos Digitais e Educação Matemática. 177 f. Dissertação (Mestrado em Ensino de Ciências e Matemática) – Universidade do Estado de Mato Grosso (UNEMAT), Campus Barra do Bugres, 2023.

Aprende Virtual. *Aprendizaje ilimitado: Potenciando la Educación con ChatGPT y DALL-E 2024. Una exploración pragmática de la IA en la educación.* Buenos Aires: Instituto Latinoamericano de Desarrollo Profesional Docente, 2024a.

Aprende Virtual. Inteligencia Artificial en la Educación: Una guía práctica para profesores en la era digital. Buenos Aires: Instituto Latinoamericano de Desarrollo Profesional Docente, 2024b.

Bairral, M. A.; Martins, V. S. *Interações entre futuros professores de matemática: ideias emergentes sobre um MCEO com GeoGebra. Paradigma*, Ribeirão Preto, e2025021, 20 jan. 2025.

Batiibwe, M. S. K. *Using Cultural Historical Activity Theory to Understand How Emerging Technologies Can Mediate Teaching and Learning in a Mathematics Classroom: a Review of Literature. Research and Practice in Technology Enhanced Learning*, v. 14, n. 1, p. 12, dez. 2019. Disponível em: https://tinyurl.com/7s4eem6a. Acesso em: 25 jun. 2025.

Baum, P. D.; Caetano, J. J.; Wagner, I.; Kataoka, A. M. Educação ambiental e matemática: uma abordagem crítica e significativa no contexto da reciclagem. *Cuadernos de Educación y Desarrollo*, v. 16, n. 10, p. e6156, 29 out. 2024.

Bellman, R. E. *An introduction to artificial intelligence: can computers think?* San Francisco: Boyd & Fraser Publishing Company, 1978.

Bernardes, T. *A inteligência artificial é racista? Futura*, 2023. Disponível em: https://tinyurl.com/5ykdk2h6. Acesso em: 3 maio 2025.

Bicudo, M. A. V. The View of the World and of Knowledge Made Explicit by Phenomenology: a Turning Point of Understand Reality. In: Bicudo, M. A. V. (Ed.). *Constitution and Production of Mathematics in Cyberspace: A Phenomenological Approach.* Cham: Springer, 2020. p. 17-34.

Bona, R. J.; Seligman, L.; Ribeiro, L. W.; Martinez, M. A. F. F.; Silva, W. C. Produção de vídeos educativos sobre Inteligência Artificial: ampliando o conhecimento por meio da extensão universitária num curso de Publicidade e Propaganda em Blumenau/SC. In: Congresso Brasileiro de Ciências da Comunicação, 46. ed., 2023, Belo Horizonte. *Anais...* São Paulo: Intercom, 2023.

Borba, M. C. Graphing Calculator, Functions and Reorganization of the Classroom. In: Borba, M. *et al.* (Eds.). *Proceedings of Working Group 16 at ICME 8: the Role of Technology in the Mathematics Classroom.* Rio Claro: Gráfica Cruzeiro, 1997. p. 53-62.

Borba, M. C. Potential Scenarios for Internet use in the Mathematics classroom. *ZDM – Mathematics Education*, v. 41, p. 453-465, 2009. Disponível em: http://dx.doi.org/10.1007/s11858-009-0188-2. Acesso em: 25 jun. 2025.

Borba, M. C. *Student's Understanding of Transformations of Functions Using MultiRepresentational Software. 1993.* Tese (Doctor of Philosophy) – Faculty of Graduate School of Cornell University, Ithaca, 1993.

Borba, M. C. Tecnologias informáticas na educação matemática e reorganização do pensamento. In: Bicudo, M. A. V. (org.). *Pesquisa em educação matemática: concepções e perspectivas.* São Paulo: Editora UNESP, 1999.

Borba, M. C. The Future of Mathematics Education Since COVID19: Humans--With-Media or Humans-With-Non-Living-Things. *Educational Studies in Mathematics*, v. 108, n. 1-2, p. 385-400, out. 2021. Disponível em: http://dx.doi.org/10.1007/s10649-021-10043-2. Acesso em: 25 jun. 2025.

Borba, M. C.; Almeida, H. R. F. L.; Gracias, T. A. S. *Pesquisa em ensino e sala de aula: diferentes vozes em investigação.* Belo Horizonte: Autêntica, 2018.

Borba, M. C.; Balbino Jr., V. R. ChatGPT e educação matemática. *Educação Matemática Pesquisa*, v. 25, n. 3, p. 142-156, 3 out. 2023. Disponível em: https://doi.org/10.23925/1983-3156.2023v25i3p142-156. Acesso em: 25 jun. 2025.

Borba, M. C.; Malheiros, A. P. S.; Amaral, R. B. *Educação a Distância online.* Belo Horizonte: Autêntica, 2007.

Borba, M. C.; Orey, D. C. (Ed.). Ubiratan D'Ambrosio and Mathematics Education: Trajectory, Legacy and Future. Cham: Springer Nature, 2023.

Borba, M. C.; Penteado, M. G. *Informática e educação matemática.* Belo Horizonte: Autêntica, 2001.

Borba, M. C.; Scucuglia, R. S.; Gadanidis, G. *Fases das tecnologias digitais em educação matemática: sala de aula e internet em movimento.* Belo Horizonte: Autêntica, 2014.

Borba, M. C.; Silva, F. M.; Lopes, A. P. C. Video Festival, Mathematical Education, and Socioecology. In: Le Roux, Kate *et. al.* (Eds.). *Proceedings of the 27th Icmi Study Conference: Mathematics Education and the Socio-Ecological.* Quezon City (Philippines): Ateneo de Manila University, 2025. p. 276-283. Disponível em: https://tinyurl.com/4snkavyb. Acesso em: 15 maio 2025.

Borba, M. C.; Skovsmose, O. A Ideologia da certeza em Educação Matemática. In: Skovsmose, O. (Org.). *Educação matemática crítica: a questão da democracia.* Campinas: Papirus, 2001. p. 127-148.

Borba, M. C.; Souto, D. L. P.; Canedo Jr., N. R. *Vídeos na Educação Matemática: Paulo Freire e a quinta fase das tecnologias digitais.* Belo Horizonte: Autêntica, 2022.

Borba, M. C.; Souto, D. L. P.; Cunha, J. F. T.; Domingues, N. S. Humans-with-Media: Twenty-Five Years of a Theoretical Construct in Mathematics Education. In: Pepin, B.; Gueudet, G.; Choppin, J. (Eds.). *Handbook of Digital Resources in Mathematics Education.* Cham: Springer, 2023. p. 1-26.

Borba, M. C.; Souto, D. L. P.; Shumway, J.; Silva, F. M.; Domingues, N. S. Festival of Videos: Curricula Developed by Students and Teachers. *ZDM – Mathematics Education*, 1 jul. 2025. https://doi.org/10.1007/s11858-025-01710-2.

Borba, M. C.; Villarreal, M. E. *Humans-with-media and the Reorganization of Mathematical Thinking: Information and Communication Technologies, Modeling, Experimentation and Visualization*. v. 39. Nova York: Springer, 2005.

Braga, A. C. V.; Santos, G. L. A cultura digital e escolarização indígena: a experiência tupinambá no acuípe de baixo. *Revista Docência e Cibercultura*, v. 7, n. 3, p. 167-183, 2023. Disponível em: https://doi.org/10.12957/redoc.2023.71708. Acesso em: 25 jun. 2025.

Brasil. Ministério da Ciência, Tecnologia e Inovação. *Proposta do plano Brasileiro de IA (2024-2028)*. Brasília, 2024.

Brasil. Ministério da Educação. Temas *Contemporâneos Transversais na BNCC: contexto histórico e pressupostos pedagógicos*. Brasília, 2019.

Caldeira, A. D. *Educação Matemática e Ambiental: um contexto de Mudança*. 1998. 328f. Tese (Doutorado em Educação) – Faculdade de Educação, Universidade Estadual de Campinas, Campinas, 1998.

Câmara, Marco Sérgio Andrade Leal Câmara. Inteligência artificial: representação de conhecimento. Disponível em: https://tinyurl.com/3ukav65u. Acesso em: 15 maio 2025.

Canedo Jr., N. R.; Borba, M. C.; Villa-Ochoa, J. A. Contributions of Digital Videos in Mathematical Modelling Practices: Semiotic Meanings and Resources. *ZDM – Mathematics Education*, v. 57, n. 2-3, p. 473-488, jun. 2025. https://doi.org/10.1007/s11858-025-01681-4.

Capes. *Inovações e tendências: novas tecnologias, inteligência artificial e os desafios da Pesquisa no Brasil*. YouTube, 15 ago. 2024. Disponível em: https://tinyurl.com/33xp8t4h. Acesso em: 15 ago. 2024.

Carvalho, G. S.; Borba, M. C. Digital Videos and Education for Sustainability: A Possibility for the Development of Socio-Environmental Awareness. In: Le Roux, Kate *et. al.* (Eds.). *Proceedings of the 27th Icmi Study Conference: Mathematics Education and the Socio-Ecological*. Quezon City (Philippines): Ateneo de Manila University, 2025. p. 292-299. Disponível em: https://tinyurl.com/4snkavyb. Acesso em: 15 maio 2025.

Coirini, A.; Dipierri, I.; Alonso, J.; Villarreal, M. Producción de videos como recurso en la formación de futuros profesores de matemática: un análisis multimodal. In: XLVII Reunión de Educación Matemática, 47. ed., 2024, Catamarca. *Anais... Catamarca, 1620 set. 2024*. Catamarca: Unión Matemática Argentina, 2024. p. 276283.

Cole, M. *Cultural Psychology: A Once and Future Discipline*. Cambridge, MA: The Belknap Press of Harvard University Press, 1996.

Coles, A. Aims for a Socio-Ecological Task Design: Steps to a Transformative Learning of Mathematics? In: Le Roux, Kate *et. al.* (Eds.). *Proceedings of the 27th Icmi Study Conference: Mathematics Education and the Socio-Ecological*. Quezon City (Philippines): Ateneo de Manila University, 2025. p. 22-25. Disponível em: https://tinyurl.com/4snkavyb. Acesso em: 15 maio 2025.

Coles, A.; Solares-Rojas, A.; Le Roux, K. Socio-Ecological Gestures of Mathematics Education. *Educational Studies in Mathematics*, v. 116, n. 2, p. 165-183, 1 jun.

2024. Disponível em: https://doi.org/10.1007/s10649-024-10318-4. Acesso em: 25 jun. 2025.

Costa, R. F. *Aprendizagem da Matemática com cartoons: qual o papel das tecnologias digitais?* 2017. 172f. Dissertação (Mestrado em Ensino de Ciências e Matemática) – Universidade do Estado de Mato Grosso, Barra do Bugres, 2017.

Costa, R. F. *Aprendizagem Expansiva na produção de vídeos matemáticos digitais.* 2024. 287f. Tese (Doutorado em Educação Matemática) – Universidade Estadual Paulista, Rio Claro, 2024.

CRADLE. *Center for Research on Activity, Development and Learning.* University of Helsinki. [s.d.]. Disponível em: https://tinyurl.com/3edb9r9r. Acesso em: 6 maio 2025.

Cunha, J. F. T. *Blended learning e multimodalidade na formação continuada de professores para o ensino de matemática.* 2018. 106f. Dissertação (Mestrado em Ensino de Ciência e Matemática) – Universidade do Estado de Mato Grosso, Barra do Bugres, 2018.

Cunha, J. F. T. *Licenciatura híbrida de Matemática: quais são os papéis dos vídeos digitais?* 2023. 147f. Tese (Doutorado em Educação em Ciências e Matemática) – Universidade Federal de Mato Grosso, Cuiabá, 2023.

Cunha, J. F. T.; Borba, M. C. Mathematical Narratives on YouTube: The Digital Video Festival and Scientific Live Streams Within a Research Group Channel. In: Engelbrecht, J.; Oates, G.; Borba, M. C. (Eds.). *Social Media in the Changing Mathematics Classroom.* Cham: Springer, 2025. p. 333-351. Disponível em: https://doi.org/10.1007/978-3-031-82837-9_16. Acesso em: 25 jun. 2025.

Cunha, J. F. T.; Borba, M. C. Vídeos digitais e diversidade cultural: explorando a matemática além dos limites acadêmicos. In: Congresso Brasileiro de Etnomatemática, 7. ed., 2024, Macapá. *Anais....* Macapá: IFAP, 2024. Disponível em: https://tinyurl.com/2p82ye8n. Acesso em: 4 abr. 2025.

Cunha, J. F. T.; Borba, M. C. Visões de agency e a produção de conhecimentos matemáticos em coletivos seres-humanos-com-coisas. In: Borba, M. C.; Xavier, J. F.; Schünemann, T. A. (Orgs.). Educação matemática: múltiplas visões sobre tecnologias digitais. São Paulo: Livraria da Física, 2023. p. 39-55.

Cunha, J. F. T.; Souto, D. L. P.; Nascimento, E. R. Extensão universitária e produção de vídeos digitais: registro e difusão dos saberes e fazeres dos povos indígenas. Revista Práticas em Extensão, v. 8, n. 3, p. 244-254, 24 nov. 2024.

Cury, H. N. Análise de erros: o que podemos aprender com as respostas dos alunos. Belo Horizonte: Autêntica, 2019.

D'Ambrosio, U. Etnomatemática: *Elo entre as tradições e a modernidade.* Belo Horizonte: Autêntica, 2019.

D'Ambrosio, U. Prefácio. In: Borba, M. C.; Villarreal, M. E. *Humans-with-media and the Reorganization of Mathematical Thinking: Information and Communication Technologies, Modeling, Experimentation and Visualization.* Nova York: Springer, 2005a.

D'Ambrosio, U. Sociedade, cultura, matemática e seu ensino. *Educação e Pesquisa*, v. 31, p. 99-120, 2005b.

D'Ambrosio, U.; Borba, M. C. Dynamics of Change of Mathematics Education in Brazil and a Scenario of Current Research. *ZDM Mathematics Education*, v. 42, p.

271-279, 2010. Disponível em: https://doi.org/10.1007/s11858-010-0261-x. Acesso em: 25 jun. 2025.

Data Centre Dynamics. Estudo revela a quantidade excessiva de água que o ChatGPT consome. *Data Center Dynamics*, Madrid, abr. 2023. Disponível em: https://tinyurl.com/33w8kw3x. Acesso em: 1 maio 2025.

Di Felice, M. O protagonismo datificado dos não humanos & a cidadania digital. In: Santaella, L. (Org.). *Simbioses do Humano & Tecnologias: Impasses, Dilemas e Desafios*. São Paulo: Edusp, 2022.

Engelbrecht, J.; Oates, G.; Borba, M. C. *Social Media in the Changing Mathematics Classroom*. Cham: Springer, 2025. p. 1-25.

Engeström, Y. *Concept Formation in the Wild*. New York: Cambridge University Press, 2024.

Engeström, Y. Expansive Learning at Work: Toward an Activity Theoretical Reconceptualization. *Journal of Education and Work*, v. 14, n. 1, p. 133-156, 2001.

Engeström, Y. *Learning by Expanding: an Activity Theoretical Approach to Developmental Research*. Helsinki: Orienta-Konsultit Oy, 1987. Disponível em: https://tinyurl.com/s8ptfbxa. Acesso em: 18 fev. 2025.

Engeström, Y. Non scolae sed vitae discimus: Como superar a encapsulação da atividade escolar. In: Daniels, H. (Org.). *Uma Introdução a Vygotsky*. São Paulo: Loyola, 2002.

Engeström, Y. The Future of Activity Theory: a Rough Draft. In: Sannino, A.; Daniels, H.; Gutiérrez, K. D. (Eds.). *Learning and expanding with activity theory*. Cambridge: Cambridge University Press, 2009. p. 303-328.

Engeström, Y.; Sannino, A. From Mediated Actions to Heterogenous Coalitions: Four Generations of Activity-Theoretical Studies of Work and Learning. *Mind, Culture, and Activity*, v. 28, n. 1, p. 4-23, 2 jan. 2020.

Engeström, Y.; Sannino, A. Studies of Expansive Learning: Foundations, Findings and Future Challenges. *Educational Research Review*, v. 5, n. 1, p. 1-24, 2010.

Esteley, C. B.; Villarreal, M. E.; Mina, M.; Coirini, A. Uso de videos en la formación inicial de profesores de matemática como recurso para observar clases. *Revista EFI. Educación, Formación, Investigación*, v. 7, n. 12, p. 65-89, 2021.

Ex Machina: instinto artificial. Direção e roteiro: Alex Garland. Produção de Andrew Macdonald e Allon Reich. Reino Unido: Universal Pictures; DNA Films, 2015. 1 Filme (108 min), son., color.

Fernandes, H.; Correa, H. Vício em "bets" e jogos de aposta online afetam famílias, mercado de trabalho e economia. *G1*, 5 abr. 2025. Disponível em: https://tinyurl.com/3a5fzm6w. Acesso em: 9 maio 2025.

Ferreira, D. H. L. *O tratamento de questões ambientais através da Modelagem Matemática: um trabalho com alunos do ensino Fundamental e Médio*. 2003. 296f. Tese (Doutorado em Educação Matemática) – Universidade Estadual Paulista, Rio Claro, 2003.

Fofoca. In: *Michaelis: Dicionário Brasileiro da Língua Portuguesa*. Disponível em: https://tinyurl.com/5vk8vtn2. Acesso em: 19 ago. 2024.

Freire, P. *Educação como prática da liberdade*. Rio de Janeiro: Paz e Terra, 2008.

Freire, P. *Pedagogia da Autonomia: saberes necessários à prática educativa*. São Paulo: Paz e Terra, 1996.

Freitas, E.; Sinclair, N. New Materialist Ontologies in Mathematics Education: The Body in/of Mathematics. *Educational Studies in Mathematics*, v. 83, n. 3, p. 453-470, 2013. Disponível em: http://www.jstor.org/stable/23434902. Acesso em: 4 maio 2025.

Galleguillos, J. E. *Modelagem matemática na modalidade online: análise segundo a Teoria da Atividade*. 2016. 213f. Tese (Doutorado em Educação Matemática) – Universidade Estadual Paulista, Rio Claro, 2016.

GPIMEM Unesp. *A etnomatemática presente nas pinturas corporais do povo Haliti-Paresi* [vídeo]. YouTube, 1 jul. 2024. Disponível em: https://tinyurl.com/u423nswz. Acesso em: 21 jun. 2025.

GPIMEM Unesp. A flauta balatiponé. YouTube, 1 jul. 2024. Disponível em: https://tinyurl.com/3ab6dhca. Acesso em: 21 jun. 2025.

Haapasaari, A.; Engeström, Y.; Kerosuo, H. The Emergence of Learners' Transformative Agency in a Change Laboratory intervention. *Journal of Education and Work*, v. 29, n. 2, p. 232-262, 2016.

Hardman, J. Making Sense of The Meaning Maker: Tracking The Object of Activity in a Computer-Based Mathematics Lesson Using Activity Theory. *International Journal of Education and Development using ICT*, v. 3, n. 4, p. 110-130, 2007.

Haugeland, J. (Ed.). *Artificial Intelligence: The Very Idea*. Cambridge, MA: MIT Press, 1985.

Heckerman, D. A tutorial on learning with Bayesian networks. In: Heckerman, D. (Org.). *Learning in Graphical Models*. Dordrecht: Kluwer Academic Publishers, 1998. p. 301-354.

Iamarino, A. O fim de I am Mother explicado e o Bootstrap. Nerdologia. YouTube, 07 nov. 2019. Disponível em: https://tinyurl.com/ydrssszm. Acesso em: 3 maio. 2025.

Javaroni, S. L.; Soares, D. S. Modelagem Matemática e Análise de Modelos Matemáticos na Educação Matemática. *Acta Scientiae*, v. 14, n. 2, p. 260-275, 2012.

Kaptelinin, V. The Object of Activity: Making Sense of the Sense-Maker. *Mind, Culture and Activity*, v. 12, n. 1, p. 4-18, 2005.

Kaptelinin, V.; Nardi, B. *Acting with Technology: Activity Theory and Interaction Design*. Cambridge: MIT Press, 2006.

Laperrière, A. A teorização enraizada (Grounded Theory): procedimento analítico e comparação com outras abordagens. In: Poupart, J. *et al.* (Orgs.). *A pesquisa qualitativa: enfoques epistemológicos e metodológicos*. Petrópolis: Vozes, 2008. p. 353409.

Latour, B. *A esperança de Pandora*. Tradução de Gilson César Cardoso de Sousa. Bauru: EDUSC, 2001.

Latour, B. Is This a Dress Rehearsal? *In the Moment*, 26 mar. 2020. Disponível em: https://tinyurl.com/mry5fjpa. Acesso em: 4 maio 2025.

Latour, B. *Reagregando o social: uma introdução à teoria do ator-rede*. Tradução de Carolina Leão. São Paulo: Editora 34, 2012.

Lave, J. *Cognition in Practice*. Cambridge: Cambridge University Press, 1988.

Leme, M. A relação entre consumo de água e energia com a inteligência artificial. *Consórcio PCJ*, 20 jun. 2024. Disponível em: https://tinyurl.com/bdjt927h. Acesso em: 3 maio 2025.

Le Roux, Kate *et. al.* (Eds.). *Proceedings of the 27th Icmi Study Conference: Mathematics Education and the Socio-Ecological*. Quezon City (Philippines): Ateneo de Manila University, 2025. Disponível em: https://tinyurl.com/4snkavyb. Acesso em: 15 maio 2025.

Lévy, P. *As tecnologias da inteligência: o futuro do pensamento na era da informática*. Tradução de Carlos Irineu da Costa. São Paulo: Editora 34, 1993.

Li, X.; Zaki, R. Harnessing the Power of Digital Resources in Mathematics Education: The Potential of Augmented Reality and Artificial Intelligence. In: Papadakis, S. (Ed.). *IoT, AI, and ICT for Educational Applications*. Cham: Springer, 2024.

Lopes, A. P. C.; Borba, M. C. Seres-humanos-com-ChatGPT em Modelagem Matemática. Seminário Internacional de Pesquisa em Educação Matemática, Brasília, 2024. Disponível em: https://www.sbembrasil.org.br/eventos/index.php/sipem/article/view/260. Acesso em: 4 maio 2025.

Lopes, A. P. C.; Borba, M. C. SereshumanoscomChatGPT em modelagem matemática. In: Seminário Internacional de Pesquisa em Educação Matemática (SIPEM), IX, 2024, Brasília. *Anais...* Brasília: SBEM, 2024. Disponível em: https://tinyurl.com/mu8bm993. Acesso em: 4 maio 2025.

Malheiros, A. P. S. Pesquisas em Modelagem Matemática e diferentes tendências em Educação e em Educação Matemática. *Bolema*, v. 26, n. 43, p. 861-882, ago. 2012.

Mason, J. Learning About Noticing, By, and Through, Noticing. *ZDM – Mathematics Education*, v. 53, n. 1, p. 231-243, abr. 2021.

Matrix. Direção: Lana Wachowski; Lilly Wachowski. Estados Unidos: Warner Bros., 1999. Filme. 136 min.

Mcluhan, M. *Understanding Media: The Extensions of Man*. Cambridge: MIT Press, 1994.

Meyer, J. F. C.; Caldeira, A. D.; Malheiros, A. P. S. *Modelagem em Educação Matemática*. Belo Horizonte: Autêntica, 2019.

Mohamed, M. Z. B. *et al*. Artificial Intelligence in Mathematics Education: A Systematic Literature Review. *International Electronic Journal of Mathematics Education*, v. 17, n. 3, p. em0694, 1 jun. 2022. Disponível em: DOI:10.29333/iejme/12132.

O jogo da imitação [*The Imitation Game*]. Direção: Morten Tyldum. Roteiro de Graham Moore. Produção de Nora Grossman, Ido Ostrowsky e Teddy Schwarzman. Reino Unido; Estados Unidos: Black Bear Pictures; Weinstein Company, 2014. 1 filme (113 min), son., color.

Oechsler, V. *Comunicação multimodal: produção de vídeos em aulas de Matemática*. 2018. 311f. Tese (Doutorado em Educação Matemática) – Universidade Estadual Paulista, Rio Claro, 2018.

Oechsler, V.; Fontes, B. C.; Borba, M. C. Etapas da produção de vídeos por alunos da educação básica: uma experiência na aula de matemática. *Revista Brasileira de Educação Básica*, v. 2, n. 1, p. 71-80, 2017.

Oliveira, C. A.; Martins, S. M. P. C. Tecnologias na formação inicial do professor que ensina(rá) Matemática: Brasil e Portugal. *Debates em Educação*, v. 16, n. 38, p. e16652, 2024.

Pardos, Z. A.; Bhandari, S. Learning Gain Differences Between Chatgpt and Human Tutor Generated Algebra Hints. *arXiv*, Cornell University, 2023. Disponível em: https://arxiv.org/abs/2302.06871. Acesso em: 5 maio 2025.

Parra, S. ChatGPT: a quantidade de água consumida pela IA é alarmante. National Geographic, 2025. Disponível em: https://tinyurl.com/bdduxwp3. Acesso em: 3 maio 2025.

Pereira, C. L. Política Pública de inclusão das Tecnologias Digitais de Informação e Comunicação no ensino e aprendizagem na Educação Escolar Indígena brasileira nos tempos atuais. *Research, Society and Development*, v. 9, n. 12, p. e8591210393, 14 dez. 2020.

Pereira, J.; Garcia, C. *Roteiro de vídeo estudantil na prática*. Pelotas: Erdfilmes, 2018.

Rech, R. Entenda o que é DeepSeek, a inteligência artificial chinesa que preocupa o Vale do Silício. *Exame*, 2025. Disponível em: https://tinyurl.com/4557mvb9. Acesso em: 5 maio 2025.

Residência Pedagógica – Matemática | Unesp/Ibilce. MOBFOG no Tema. YouTube, 28 maio 2024. Disponível em: https://tinyurl.com/4vhn22er. Acesso em: 19 jun. 2025.

Rodrigues, S. S.; Souto, D. L. P. Aprendizagem de Equações Diferenciais Ordinárias com Estudantes-e-ChatGPT na Amazônia. *Revista Prática Docente*. (No prelo.)

Rosa, M.; Powell, A. B. Cinema, internet, racismo e mercado financeiro: das denúncias coloniais à héxis política pela educação matemática. *Perspectivas da Educação Matemática*, v. 17, n. 45, p. 1-25, 11 mar. 2024.

Rosa, M.; Souto, D. L. P. Mathematics Education and Digital Technologies: How Are Media, Artifacts, Instruments, Tools and Technological Means Presented? *Revista Internacional de Pesquisa em Educação Matemática*, v. 13, n. 3, p. 1-12, 2023.

RP Matemática Unesp/Ibilce. *MOBFOG no TEMA* [recurso sonoro]. SoundCloud, 18 maio 2024. Disponível em: https://tinyurl.com/4xyrs46c. Acesso em: 19 jun. 2025.

Sannino, A. The Emergence of Transformative Agency and Double Stimulation: Activity-Based Studies in The Vygotskian Tradition. *Learning, Culture and Social Interaction*, n. 4, p. 1-3, 2015.

Santos, R. P.; Sant'ana, C. C.; Sant'ana, I. P. O ChatGPT como recurso de apoio no ensino da Matemática. *Revemop*, v. 5, p. e202303, 2023.

Schütz, A. *Sobre fenomenologia e relações sociais: escritos selecionados*. Chicago: University of Chicago Press, 1970.

Silva, C. O. F.; Matulovic, M.; Manzione, R. L. New Dilemmas, Old Problems: Advances in Data Analysis and its Geoethical Implications in Groundwater Management. *SN Applied Sciences*, v. 3, n. 607, jun. 2021.

Silva, R. S. R.; Carvalho, A. C. B. The Creation of Mathematical Poems and Song Lyrics by (Pre-service) Teachers-with-AI as an Aesthetic Experience. *Journal of Digital Life and Learning*, v. 4, n. 1, p. 43-63, 12 set. 2024.

Silva, R. S. R.; Donegá, D. K.; Namukasa, I. K. "MOBFOG no TEMA": STEAM e participação computacional nos anos iniciais do ensino fundamental. *Seminário*

Internacional de Pesquisa em Educação Matemática, Brasília, p. 1-15, 2024. Disponível em: https://tinyurl.com/y2twnksr. Acesso em: 5 abr. 2025.

Silva, T. Racismo algorítmico em plataformas digitais: microagressões e discriminação em código. In: Silva, T.; Birhane, A. (Orgs.). *Comunidades, algoritmos e ativismos digitais: olhares afrodiaspóricos*. São Paulo: LiteraRUA, 2020.

Silva, T. *Racismo algorítmico: inteligência artificial e discriminação nas redes digitais*. São Paulo: Edições Sesc, 2022.

Skovsmose, O. (Org.). *Educação matemática crítica: a questão da democracia*. Campinas: Papirus, 2001.

Skovsmose, O. Posfácio. In: Borba, M. C.; Villarreal, M. E. *Humans-with-media and the Reorganization of Mathematical Thinking: Information and Communication Technologies, Modeling, Experimentation and Visualization*. Nova York: Springer, 2005.

Skovsmose, O.; Borba, M. Research Methodology and Critical Mathematics Education. In: Valero, P., Zevenbergen, R. (Eds.). *Researching the Socio-Political Dimensions of Mathematics Education*. Boston: Springer, 2004. p. 207-226.

Soares, D. S.; Javaroni, S. L. Análise de Modelos: possibilidades de trabalho com Modelos Matemáticos em sala de aula. In: Borba, M. C.; Chiari, A. (Orgs.) *Tecnologias Digitais e Educação Matemática*. São Paulo: Editora Livraria da Física, 2013. p. 195-219.

Souto, D. L. P. Aprendizagem Matemática on-line: quando tensões geram conflitos. *Educação Matemática Pesquisa: Revista do Programa de Estudos Pós-Graduados em Educação Matemática*, São Paulo, v. 17, n. 5, p. 942-972, 2015. Disponível em: https://tinyurl.com/bd5np8fx. Acesso em: 4 maio. 2025.

Souto, D. L. P. *EAD 2016-2 1/3*. YouTube, 28 ago. 2016. Disponível em: https://tinyurl.com/yc5wdae6. Acesso em: 21 jun. 2025.

Souto, D. L. P. Mídias: artefatos e/ou objeto? In: XVI Conferência GPIMEM: 20 anos Tecnologias Digitais em Educação Matemática, 2013a, Rio Claro. *Anais...* Rio Claro: GPIMEM/IGCE-UNESP, 2013a.

Souto, D. L. P. *Transformações Expansivas em um curso de Educação Matemática a distância online*. 2013b. 279 f. Tese (Doutorado em Educação Matemática) – Universidade Estadual Paulista Júlio de Mesquita Filho – Unesp. Rio Claro, 2013.

Souto, D. L. P. *Transformações Expansivas na produção matemática on-line*. São Paulo: Cultura Acadêmica, 2014.

Souto, D. L. P.; Araújo, J. L. Possibilidades expansivas do sistema seres-humanos-com-mídias: um encontro com a Teoria da Atividade. In: Borba, M. C.; Chiari, A. (Org.) *Tecnologias Digitais e Educação Matemática*. Livraria da Física: São Paulo, 2013.

Souto, D. L. P.; Borba, M. C. Movimentos, estagnações, tensões e transformações na aprendizagem da matemática online. In: VI Seminário Internacional de Pesquisa em Educação Matemática SIPEM. *Anais...* Pirenópolis, 2015.

Souto, D. L. P.; Borba, M. C. Transformações Expansivas e Tarefas Matemáticas em um Universo que envolve Seres-Humanos-Com-Mídias. In: I Congresso Internacional sobre a Teoria Histórico-Cultural e 11ª Jornada do Núcleo de Ensino de Marília. *Anais...* Marília: Oficina Universitária, v. 1, p. 1-15, 2012.

Souto, D. L. P.; Borba, M. C. Humans-With-Internet or Internet-With-Humans: a role reversal? *Revista Internacional de Pesquisa em Educação Matemática* (RIPEM), v. 8, p. 2-23, 2018.

Souto, D. L. P.; Borba, M. C. Seres Humanos-com-Internet ou Internet-com-Seres Humanos: uma troca de papéis? *Revista Latinoamericana de Investigación en Matemática Educativa*, Cidade do México, v. 19, n. 2, p. 217-242, jul. 2016.

Souto, D. L. P; Cunha, J. F. T. Vídeos digitais com inteligência artificial como prática matemática Disruptiva e de valorização das culturas e tradições dos povos originários. In: Silva, R. S. R. D. *Perspectivas da educação matemática envolvidas em processos formativos*. 1. ed. Cachoeirinha: Editora Fi, 2024.

Striker, C; Scapicchio, M. *O que é a IA generativa? IBM*, 22 mar. 2024. Disponível em: https://tinyurl.com/a8p5bps9. Acesso em: 29 abr. 2025.

Tavares, L. A.; Meira, M. C.; Amaral, S. F. do. Inteligência Artificial na Educação: Survey. *Artificial Intelligence in Education: Survey. Brazilian Journal of Development*, v. 6, n. 7, p. 48699-48714, 2020.

Teixeira, F. S; Zampieri, M. T.; Paiva, S. M.; Javaroni, S. L. Os saberes docentes e a experimentação com calculadora gráfica: nuances de um projeto temático. *Bolema: Boletim de Educação Matemática*, v. 39, p. e240073, 2025.

Tikhomirov, O. K. The psychological consequences of computerization. In: Wertsch, J. V. (Org.). *The concept of activity in soviet psychology*. New York: M. E. Sharpe, 1981. p. 256-278.

Turing, A. M. I. Computing machinery and intelligence. *Mind*, v. LIX, n. 236, p. 433-460, 1 out. 1950.

UNESCO. Organização das Nações Unidas para a Educação, a Ciência e a Cultura. *ChatGPT e Inteligência Artificial na Educação Superior*: um guia de início rápido. Paris, 2023.

UNESCO. Organização das Nações Unidas para a Educação, a Ciência e a Cultura. *Guía para el uso de IA generativa en educación e investigación*. Paris, 2024.

Vargas, C. D. Adaptaciones en la formación del profesorado durante la pandemia: proyecto de producción de vídeos digitales acerca de contenidos de geometría. *Cuadernos de Investigación y Formación en Educación Matemática*, n. 20, p. 193-199, 2021.

Vygotsky, L. S. *Mind in society: Development of higher psychological processes*. Cambridge: Harvard university press, 1978.

Wagner, H. R. *Fenomenologia e relações sociais: textos colhidos de Alfred Schütz* [Alfred Schütz sobre fenomenologia e relações sociais] (Melin Â, trad). Zahar, 1979.

Wanzeler, E. B.; Silva, B. N.; Omágua Kambeba, E. F. Vídeoetnopoesias como narrativas de sentirpensar e produzir memórias: o cacicado de eronildes firmin kambeba. *Revista Docência e Cibercultura*, v. 7, n. 3, p. 233-244, 4 ago. 2023.

Yang, P. *An Opinionated Guide on Which AI Model to Use in 2025*. Disponível em: https://tinyurl.com/43ckm3kc. Acesso em: 10 abr. 2025.

**Conheça outros
livros da coleção**

Este livro foi composto com tipografia Minion Pro e impresso
em papel Off-White 70 g/m² na Formato Artes Gráficas.